时尚形象设计专业“十三五”规划教材·21世纪新编核心课程系列

时尚形象设计专业“十三五”规划教材 · 21世纪新编核心课程系列

Guide to Fashion Make-up

时尚化妆教程

顾筱君　主编

王　铮　李春玲　副主编

中国传媒大学出版社

CUCP

· 北京 ·

丛书名誉顾问简介（以姓氏音序排列）

河龙辉〔韩〕　韩国装扮艺术人协会中国支会长
韩国人体彩绘协会副会长
韩国化妆专家职业交流协会支会长

霍起弟　劳动部职业技能专家指导委员会美容专业委员会主任
中央戏剧学院化妆专业教授

李德权　中央戏剧学院化妆专业教授

丛书编委简介（以姓氏音序排列）

阿比达森〔韩〕　韩国Nature & Education董事长及国际艺术创意总监
鲍许峰　北京电影学院客座副教授，原南广学院摄影系教师
陈　翔　亚洲模特协会中国模特教育委员会会长
丁海兰〔韩〕　丁和李朴形象设计有限公司品牌艺术总监
顾筱君　中国传媒大学南广学院演艺学院教授
黄信然　作家，时尚策划人
李春玲　江苏省城市职业学院人物形象设计专业教师
李　娜　安徽广播影视职业技术学院人物形象设计教研室主任
林　莉　西南石油大学艺术学院副院长
林晓鸣　中国传媒大学南广学院演艺学院院长
潘　翀　江西服装学院时尚服装分院形象设计专业教师
孙　薇　恒丰银行福州分行投资部总经理
王大为　中国传媒大学经济管理学院教师
王　欣　中国传媒大学南广学院演艺学院教师
王　铮　江苏开放大学健康学院院长助理、健康美容系主任
吴　丹　曾留学德国，高校音乐传播课程教师，国际文化交流使者
夏学敏　江苏开放大学教师
杨大鹏　曾留学荷兰，国际商务、投资总监
袁境泽　时尚集团芭莎能量活动部总监
赵　娜　四川电影电视学院化妆专业教师
郑忆萱　江苏省南京视觉艺术学院形象设计专业教师
周径偲　赫斯特中国集团新媒体总编辑
周　雨　中国传媒大学南广学院演艺学院表演教研室主任

序

本书是顾筱君老师的又一部著作，是顾筱君老师的教学科研成果，也是其化妆艺术实践的经验总结，是时尚化妆领域一部非常宝贵的典范性著作。

本书精辟地阐述了时尚化妆这一学科的基本概念、基础知识及化妆艺术创作原理、法则等一系列课题，其内容涵盖了时尚化妆的整个范畴，见解独到、论点鲜明，全书内容系统全面、脉络清晰，图文生动、富有新意，文字通达、平实可读。

时尚化妆是一门由多个专业学科融汇构成的综合性学科。作者将美学、生理学、心理学、物理学及色彩学等有关内容贴切地、有机地融入了时尚化妆艺术中，并分别作了深入、具体、详尽的论述，所论及的内容严谨、科学、翔实、准确，深化了时尚化妆的理论性、艺术性和实用性。

时尚化妆最具当代性，“寻觅时尚化妆造型的发展轨迹，并预测今后的走向”，这深刻地指出了时尚化妆创作要关心社会生活的发展态势，关注时代潮流的走向，满足大众的审美需求，让人们在追求美的过程中享受生活的快乐，感受生活的意义和价值。

本书在构建时尚化妆专业教学体系、规范化妆专业教学和深化时尚化妆造型设计创作等方面，都将发挥有力的理论支撑作用。对学习时尚化妆专业的学生来讲，这也是一部帮助提高艺术修养、提升专业素质、培养时尚化妆造型设计能力和动手能力的珍贵的教科书。

《时尚化妆教程》集专业性、理论性于一体，具有很高的学术价值和很强的实用性。

中央戏剧学院

霍起弟

2017年1月24日

目 录

contents

第一编 时尚妆型

第二编　基础知识

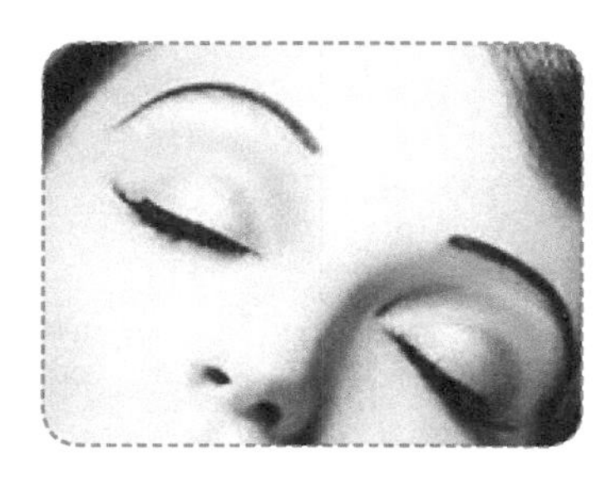

第一编

时尚妆型

第一章 时尚化妆导论

本/章/重/点/与/难/点/提/示

一、重点

1.时尚化妆的概念：时尚、时尚化妆的再创造等。

2.时尚化妆的发展轨迹与发展趋势。

二、难点

1.时尚化妆的概念。

2.时尚化妆的发展趋势。

我们在《时尚形象设计导论》中已经充分介绍了形象设计的意义和内涵，即对个体从局部到整体进行全方位的包装与修饰。其目的就是对整体审美观、审美感受与审美能力进行充分展现。但是，怎样把时尚化妆造型的知识灵活、全面、综合地运用到各种时尚形象造型设计中去呢？怎样在一个并不完美或并不理想的个体形象上充分展示出自己的审美能力和实际包装能力？怎样杜绝“千人一面”或“一人一面”的重复、单调且乏味的形象？怎样在不同的场合面对不同的对象、不同年龄段的人群时，均给他人以最完美的、最时尚的整体形象，并且恰到好处地展现自己的魅力与风度，从而成为永远受人喜爱的、新鲜而迷人的“千面女郎”？这就是本章所要讨论的重点。

审美意识的觉醒，是人类进化的产物，也是生产力发展、社会文明进步的标志。用客观的审美观念解释化妆的基本概念，看待时尚与化妆之间的必然联系，将是我们首先要探讨的问题。

第一节 时尚化妆解析

一、时尚化妆释义

1. 关于时尚

时尚（fashion）这个流行词经常被一些潮流前沿人士挂在嘴边，频繁出现在网络、报刊媒体上，追求时尚已蔚然成风。可时尚究竟是什么呢?

百度百科“时尚”词条的解释为：时尚是在特定时段内率先由少数人尝试，并预期后来将为社会大众所崇尚和仿效的生活样式。顾名思义，时尚就是“时间”与“崇尚”的叠加。在这个极简化的意义上，时尚就是短时间内一些人所推崇的生活方式。简言之，就是时髦。时尚涉及生活的各个方面，如衣着、饮食、行为、居住、消费、网络语言，甚至情感表达与思考方式等。

时尚与流行不同，简单地说，时尚可以流行，但范围是十分有限的。如果广为流行，那就已经不是时尚了。追求时尚是一门“艺术”，模仿、从众只是“初级阶段”，而它的至臻境界应该是从一个个潮流中抽丝剥茧，萃取出本质和真义，来提高自己的审美能力与品位，打造专属于自己的美丽“模板”。从这个意义上说，追求时尚不在于被动地追随，而在于理智而熟练地驾驭时尚。

时尚能给人一种愉悦的心情以及优雅、纯粹与不凡的生活品位和感受，赋予人不同的气质和神韵，让人淋漓尽致地展露个性能力。

时尚又是循环更替的。每个人追逐“细节点缀”的时尚之风依然盛行，流行趋势不断更替，琳琅满目的时尚服装与饰品让人耳目一新。还有游泳、骑马、射击、高尔夫、游戏、上网、唱K、旅游、逛街等，这些都是全新的生活方式、生活态度、生活观念，这一切构成了时尚元素的全新领域。

2.关于化妆

关于化妆（make up），《辞海》上的解释是：戏剧、电影等表演艺术的造型手段之一。根据角色的身份、年龄、性格、民族和职业特点，利用化妆材料，塑造角色的外部

（主要是面部）形象。百度百科“化妆”词条的解释为：运用化妆品和工具，采取合乎规则的步骤和技巧，对人的面部及其他部位进行渲染、描画、整理，增强立体印象，调整形色，掩饰缺陷，表现神采，从而达到美容的目的。

化妆是一门科学，是专门研究由表及里地美化面部形象的学问；化妆也是一门技术，它不仅包含医学美容、护肤和美化形体的技能技巧，也包括风度礼仪、个性气质、审美层次、文化道德素养等美化心灵的方方面面。化妆包含生活时尚化妆、影视角色化妆和舞台形象化妆。化妆既是一门综合学科，也是一种技能实践，涉及美学、色彩学、形象设计学等多门学科。本文主要就生活时尚化妆方面进行阐述和探讨。

21世纪以来，化妆，这个上流社会、戏剧影视美术的专属名词，已经进入寻常百姓家，甚至在一些公众场所，人们已经将化妆（主要是生活时尚淡妆）作为接待宾客的一种时尚礼貌的文明行为。化妆能表现出人们独有的天生丽质，让人焕发风韵，增添魅力。成功的化妆能唤起人们心理和生理上的潜在活力，增强自信心，使人精神焕发，还有助于消除疲劳、延缓衰老。

作为一门专业技能，化妆的内涵十分广泛，从宏观意义上说，这是一门二维平面设计与三维及多维立体空间设计相结合的设计艺术，是研究人的外观与时尚造型的视觉传达艺术，是出于礼仪或爱美的因素整体美化形象的手段之一，也是出于塑造角色的需要对人体进行装扮的手段之一。

二、时尚化妆导语

时尚化妆是现代形象设计的一部分，通过图形来构思，由时尚元素和造型手段来体现，属于图像设计的范畴，因此，时尚化妆设计又可称为“时尚人物造型”，也就是通过时尚元素对个人面部形象进行再塑造。所谓“再塑造”，并不是要完全脱离个体本身，塑造出一个与其毫不相干的形象，而是要发掘个体的内在潜质，结合外部形象特征，并考虑到其特定职业或环境因素的影响，通过各种时尚造型技巧，塑造出尽可能完美的时尚形象。人们希望利用各种最新的时尚元素，包括服饰、发型、化妆、动态与静态语言，乃至生活信念、社交礼仪、气质风度，通过使外表的形美（外在美）、神美（韵美）、质美（内在美）和谐统一，更充分地展示自己的个性风采，创造一个属于自己的、有个性特色的、不落伍的、尽量不与他人雷同的时尚形象。

1. 时尚化妆的提出

谈到时尚化妆，首先要了解形象设计，或称形象塑造（image-building）。形象设计是现代设计的一个大分支，通过图形来构思，以时尚元素为媒介，用化妆、服饰、发型等造型手段来体现，属于图像设计的范畴。因此，时尚形象设计与化妆同属于“人物造型”范畴，是对个人整体形象的再创造。

作为时尚形象设计的一个分支，时尚化妆有着不可替代的作用。

2. 时尚化妆的再创造

随着社会的进步，人们对美的追求已不再是盲目地模仿与追赶潮流，已不再仅仅关注一张脸，而是越来越讲究从发型、化妆、服饰到社交礼仪的整体性修饰，并且更讲究内在的气质风度、文化道德修养、个性风格及生活态度，并更追求时尚潮流与外部形象的和谐统一。

内涵修养和表象的装饰属于一个事物的两个方面。光有内涵还不够，适当地对外表进行修饰、包装同等重要。实际上，在人际交往中，特别是初次见面时，人们往往通过外在形象来判断一个人的年龄、爱好、层次、身份、地位，并相应地表现出对待他的态度。我们稍微仔细地观察一下周围，便不难发现，凡是不修边幅、邋里邋遢的人，总不如清爽整洁、风度翩翩、潇洒倜傥的人成功机会多。因此，这也是时尚形象设计越来越受到人们普遍关注和高度重视的原因之一。它不仅要求设计师本人具有一定的审美艺术修养与超前意识，还要求其知识面广博——既要熟练掌握化妆技术、美发技术、服装设计，也要对内在的风度气质、社交礼仪、文化修养、礼宾常识等有全方位了解，并利用这些设计理念为一个具体人物创作出千姿百态的时尚形象，即所谓“一人千面”，以满足不同环境、不同要求、不同场合、不同层次、不同目的的时尚需求。

因此，时尚化妆不是一种简单的颜料堆砌，而是一门综合性很强的领先潮流的艺术学科，也是当今都市人普遍的心理需要。

具有特殊意义的化妆，如舞台人物、影视角色造型的要求略有不同，它要求人物造型必须符合剧情或舞台角色的定位，而不单纯地表现演员的美丽，这些属于艺术形象设计造型范畴，我们在此不做讨论。

第二节　时尚化妆发展趋势

在《时尚形象设计导论》中，我们提到的形象设计是指以个体人物为目标的设计，是研究人的外观形象与造型的视觉传达设计，因此，又可称其为人物整体造型设计。在本书中，我们提到的时尚化妆，是指以用时尚元素对人物面部形象进行美化为主的设计。

时尚化妆既是一门综合学科、一种设计理念、一种图形构思，也是一种技能实践、一种再创造，它涵盖在整体时尚形象包装的全部过程中，既不可分割，又独立存在；与时尚形象设计一样，它所涉及的学科范围很广，如美学、色彩学、心理学、伦理学、民俗学、民族学、医学、解剖学、生理学、病理学、护理学、物理学、文学艺术和化工化学等。

一、时尚化妆的发展轨迹分析

就在我们仔细考虑怎样画好每一个妆型的同时，时尚化妆正在加快步伐，追赶甚至试图引领时尚潮流，时尚化妆已经不仅仅是形象设计与各种演艺场合的配套技能，而且在综艺晚会、化妆大赛等各种公开场合中频频亮相，存在于每一个爱美人士的生活中。

有人曾经说过："有时，人们不得不去重复一个亘古不变、已成为事实的结论。"是的，重复过去是为了指导将来。人是爱美的动物，当人类有了意识，便对美有了锲而不舍的追求。随着人类文明的进步及社会经济的迅速发展，人们的生活质量日益提高，各种时尚妆型不断涌现，古为今用、洋为中用、推陈出新、传承创新已经成为社会上新的时尚潮流，人们以前所未有的热情关注并参与到这一热潮之中。

因此，对国内外化妆历史进行必要的梳理，沿着其几千年的发展轨迹，寻觅并预测今后的妆型理念与题材的发展走向，便显得越来越重要。

1. 时尚化妆造型的发展轨迹

（1）古代的化妆技术是与化妆品行业同步发展的。

（2）纵观历史，越是太平盛世，人们越是安居乐业，追求美便越会成为社会时尚，化妆的风潮便越是兴盛，化妆技术越是有长足的发展。

（3）人的形象，特别是面部或眼部的化妆，是一种在方寸之间任意施展、尽情挥洒的行为艺术，形象与妆型的万般变化说到底只是一个不断循环往复的，借鉴、传承与创新的过程。

（4）随着人们消费观念的不断成熟，理性消费越来越成为主导因素，因此，流行的概念也发生了根本改变，现代人更加重视内在素质的外显化。无论是设计师还是爱美的时尚人群，个性化和自我表现已成为具有绝对优势的因素，以往那种一流行就蜂拥而上的、以同一面貌出现的流行热、发烧友时代已经过去，取而代之的是冷静的、多种时尚潮流并存的风格。

2. 时尚化妆的表达方式

中国传统形象化妆常凭借色彩的次序变化来追求情韵的表达，在次序中彰显情韵。经历漫长岁月的传承，这种追求在今天更显得成熟、老练。现代的时尚化妆潮流在色彩情韵上试图追求三种表达方式：

（1）以同类色的调和与肤色、妆色、发色、服色的高度统一，来营造甜美、柔和、温情、优雅、和谐或精致的情趣。

（2）以互补色对比搭配，黑白色调可配以五彩缤纷的眼影，用不同的大色块、高调的纯色（如红、蓝、绿）来表现喧闹、欢快、吉祥的浓郁气氛。

（3）使单纯、简约的某一色系，经过色彩晕染或微妙的色差变化透露出清净、透明、素雅、私密、内敛的含蓄韵味。

二、时尚化妆造型理念的发展走向分析

通过对上述化妆造型设计背景资料的综合分析，笔者大胆预测今后数年内，流行的时尚化妆造型主题题材与流行色彩表现手法的走向趋势如下。

1. 追求古典雅致形象妆型与现代时尚元素的融合，在传承与学习中追求延续和创新

例如，用传统质朴的中国红搭配黑或白，奢华却不迷情、高贵而不娇宠，在过去与未来间游离；桃粉色搭配粉紫或深棕，暧昧而高雅、柔和又张扬；还有古典传统的戏曲造型和脸谱造型艺术、古老传统的工艺美术，也是影视作品、化妆比赛、广告展示、经典样板造型借鉴的源泉。

2. 追求梦幻感觉与现代时尚元素的融合，在空灵与神秘中追求张扬和个性

一曲《隐形的翅膀》唱出了多少人的梦想和希望。让梦想展开想象的翅膀，多少年的准备与积蓄，只为那一刻惊世勃发，让激情在纯粹的世界里尽情挥洒。对于个性的追求，对于梦幻与神秘、极富个性色彩的形象的展示，追求张扬的个性与梦幻般的激情体验，神秘的紫色、辉煌的金色、哥特式黑色，以及各种不同色调的中间色，都可以为时尚化妆造型打造出一个梦幻空间。

3. 追求平等、和平、仁爱与现代时尚元素的融合，在和谐理念与唯美主旋律中追求快乐和激情

自孙中山先生将“自由、平等、博爱”观念引入中国，已经过去将近一个世纪。而

如今，这一理念正在成为全世界人民所向往的主旋律。设计师常常以温暖、亲切的橘红色、深棕色或褐色表达自己对于仁爱的诠释：用真诚的心灵感受生命，善待每一份真爱。和平、仁爱、温暖的人性化造型理念，将成为21世纪中叶的主题。人们渴望接近，渴望理解，渴望包容和沟通。

4. 追求想象中宇宙太空的未知世界与现代时尚元素的融合，在科幻与憧憬中寄托梦想和渴望，寻找理解和温馨

太空的神秘、静谧、悠远令人神往。自有历史记载以来，人类对太空的探索从未停止过。对未知世界的遐想与对神秘世界的好奇，以及在现实生活中的不如意，多种因素促使人们把关注的视觉重点渐次转移到星际与充满想象的未知世界，甚至是对穿越古今与转世轮回的重温与渴望。极具金属质感的银与灰是这一旋律的主基调，表现宇宙的博大精深、空灵遥远的星际与现实世界。

很难说COSPLAY到底为我们带来了什么，毕竟任何事物都有两面性。事实上，COSPLAY不仅仅是指一种外表上的形象化，更重要的是去理解Coser的内心世界。COSPLAY是一种消耗个人怨念的个人兴趣性活动，而不是展示性活动，更不是表演活动。因此，真正的COSPLAY并非只是装扮其外在，更重要的是心灵上的互换，是对自己工作或生活中各种压力与困惑的很好释放，是对自我精神压力的一种极佳的疏解。

5. 追求人与自然的和谐以及与现代时尚流行的融合，在对自然的忏悔和希望中追求博大深邃与永恒

人，生活于天地之间，与自然万物和谐共存，人与空气、水、山川、河流、陆地和海洋等息息相关。远离功利是非，远离邪恶争斗，伸展开双臂，拥抱生命，回归自然，在大自然中深呼吸，释放内心早已沉寂的欲望，打开尘封已久的质朴原香，是现代人梦寐以求的生活状态。草原、海洋、黄土地的颜色，简单而真挚；沉静、安宁、祥和的氛围，或五彩缤纷、朝气蓬勃的热烈，将设计师的简约与实用主义优雅地和盘托出，这一题材将展现人们返璞归真的愿望。

我们相信，随着科技文化的进步、化妆品行业的蓬勃发展、人类审美观念的不断更新，人们对美与时尚的需求也将更加迫切，时尚化妆这朵古老的人体文化艺术奇葩，在时尚潮流的推动下，必将绽放出更加艳丽夺目的光彩。

思考题

1.什么是时尚化妆?

2.简述时尚化妆的再创造。

3.简述时尚化妆的表达方式。

4.简述时尚化妆的发展轨迹、发展趋势。

第二章
不同个性美的时尚化妆造型技巧

本/章/重/点/与/难/点/提/示

一、重点

1. 几种气质的典型妆型。
2. 造型设计的“三和谐”。
3. 男性形象设计。

二、难点

1. 清纯风格的造型定位与要点。
2. 浪漫风格的造型定位与要点。
3. 潇洒风格的造型定位与要点。
4. 典雅风格的造型定位与要点。
5. 造型设计的“三和谐”。
6. 男性造型定位与要点。

事实上，每个人身上都蕴藏着多重个性。譬如一位女性，在家里，她可能是一位标准的贤妻良母，温柔娴淑、相夫教子；回到工作岗位，她又扮演着“强者”形象，具有十足的挑战性，充分显示出理性与智慧；对朋友，她又成为活泼可爱、可以推心置腹和信赖的密友；而独处时，她的懒散、任性、倔强、顽皮等个性，就可能会充分显露出来。因此，聪明的人，特别是聪明的女人，绝不会将自己限定在一个固定的模式中，在一群人中，她应当一眼就被他人注目，做一个永远令人有新鲜感的、时尚的“千面女郎”，这就是时尚形象造型的魅力所在。

为了达到这一目的，一方面要了解自己的个性类型；另一方面，应当了解在不同的场合自己的表达目的、想要的包装类型，这样才能以自然而新鲜、永远不落伍的形象展现不同风格的韵味——实际上，这就是时尚形象设计中的T.P.O原则（见《时尚形象设计导论》）。

成功的造型设计，是让你拥有独特的风格与魅力的保证。一位五官清秀的人不见得是有魅力的人，一定要再配上一些有形或无形的东西，即我们所说的得体的外表修饰和良好的气质风度，方可自然流露出迷人的魅力。时尚形象设计并不是标新立异，而是在自己的天赋条件中寻求或发掘潜在的魅力，从而打造出能突出自己个性的外表形象和气质风度，或者说形成自己独特的、尽可能完美的时尚形象。

第一节　几种气质的典型妆型

台湾美容大师庞玉玲女士一直走在时尚前沿，十几年前她就把现代都市时尚女性的典型气质塑造大致分为以下几种类型。

一、清纯玉女型

清纯玉女型是许多年轻女孩喜爱选择的类型，较适合五官秀气、个性含蓄、温文娴雅、好编织梦幻的清纯少女。她们的化妆一般选用透明淡雅的妆型，以突出其纯洁、单纯、美好的生活态度；她们往往偏爱长发飘飘或马尾之类的简洁发型，随着“韩流”传播，“齐刘海”“短粗眉”近些年来一直流行未衰；衣着设计偏好蕾丝、荷叶边、小碎花、缎带等；颜色偏好纯白、纯黑或黑白灰，有色彩系则偏好粉色系，如粉红、粉蓝、粉橘、粉绿、粉紫、“奶奶灰”（或者叫“50°灰”），当然也可能偏好鲜嫩的色彩，例如前些年流行的对比色、互补色、撞色等，更能突出其年轻、脱俗、热烈、纯真的追求；饰品偏爱闪闪发亮的水钻、木质或合成材质，常常追求一种“小女孩情怀”。

二、浪漫性感型

浪漫性感型女性常常具有自信的性格，比较任性热情，她们浪漫新潮、思想前卫、乐观外向、优雅性感。她们一般身材匀称、体态健美、曲线玲珑，常常有特殊的吸引力或魅力。这类女性的脸部化妆重点应在眼部、唇部，表现手法可以大胆而不拘一格，如厚实而性感的红唇，唇峰稍分开而且圆润，像花瓣一样盛开，上眼线眼尾处上挑等；她们注重衣着打扮，穿着精致多变，甚至能够“一天一套，一个月不重样”，服装款式上选择优雅、浪漫而时尚的风格，以尽量表现出身材的优美性感；饰品精细华丽，追求别致夸张，喜欢除金银以外的材质；发式偏好长长的大波浪或精致干练的短发，甚至时尚的男式发型，更加突出其十足的女性魅力；手指、脚趾可以涂上艳丽时尚的指甲油；其言谈举止也应新潮、前卫，甚至夸张、浪漫。

三、运动休闲型

运动休闲型代表个性爽朗、五官清秀、外向热情、喜爱运动、不做作且具有个性美的一类女性。她们不愿做过多修饰，一切以自然真实为原则。妆面干净自然，重点放在眼部及唇部，喜好自然色、大地色或中间色系；发型可长可短，可随意束起，亦可随风飘扬，以不拘一格为好；服装以棉质、宽松、轻便、柔软为主，如运动休闲裤、牛仔裤配羊毛衫、牛仔衣、宽松的长T恤、下摆在腰间打结的式样简洁的衬衫等；饰物宜少，能突出个性的爽朗或自然随意就好，表现出一种健康向上、活泼开朗的生活态度。

四、保守干练型

保守干练型一般多见于中年女性。随着年龄的增长和生活地位的变化，她们追求一种更加沉稳冷静的生活态度。其个性保守、中规中矩、理智稳重，处事冷静干练，体态中庸（甚至略有“发福”迹象），五官匀称，其妆面力求淡雅洁净，不多用色彩，重点应放在眼部、唇部，如稍紧凑的眉头；眉峰稍近、棱角分明；口红色泽自然或稍深，如棕褐色或褐色，常用一种棱角分明的唇形表现一种权威性；发型简洁，不宜新潮，且稍偏保守而易于梳理，一般以短发居多；衣着以套装为主，讲究做工精良，款式典雅高贵、端庄大方，质感要好；衣着色彩简单淡雅，或以中间色、深色为主，以用一两种颜色为宜，色彩忌繁杂；动作利落，态度温和，具有亲和力，处事精明干练。这类女性是理智与智慧的代表。

五、才气型

才气型女性在保守干练的基础上增加了许多才气与自信。她们主观意识强，对人对事有自己独到的见解，不喜跟潮流，我行我素；她们性格潇洒大方，不愿受束缚，风格独特，才华横溢；装扮也颇具特点，妆型或典雅优美，或随性夸张，细细的上扬眉、欧式眉，甚至夸张的拱形眉都是不错的选择；口红以自然色系或褐红色、朱红色为主，唇形自然或有棱角，表现一种不凡的韵味；服装方面更显多样性，比如宽松的外套，手染的布裙，用围巾当腰带，怪异的耳环、项链，如动物骨头或木制品均可；略卷曲的长发披肩而下，整个人显得智慧、潇洒、才气逼人，有一种艺术“范儿”。

六、野性叛逆型

野性叛逆型女性生性叛逆，穿着自由，不受约束。她们个性外向张扬，野性、任性；发型怪异、超短，独树一帜，例如近年流行的“蛇妆”、凌乱的“超短碎发”等；妆面不按常理塑造，可以是极冷艳或极浓艳的妆面，甚至会用蓝色、银白色唇膏或超大的金属耳环来突出其叛逆的“酷”的个性；服装常常以性感、野性为主，例如大露背、大开叉的裙装，超短裙或超短裤，不蹈规循矩的十几公分高的高跟鞋、日式夹脚拖鞋，有时甚至光脚以展示其姣好的脚型；手、脚涂以艳丽、深色甚至黑色指甲油，整个形象表现出一种“嬉皮风格”，也彰显其野性、叛逆的生活态度。

七、混合型

混合类型的人较随和，待人亲善，博采众长，常适合尝试各种造型，如同千面夏娃，可帅气、可典雅，可成熟妩媚，亦可冷艳高傲，是得天独厚的典型。正是由于她们常常变换风格，所以更要求她们具备广博的知识和较深厚的审美内涵。此类人在化妆前应先确定场合，再从造型上加以改变，塑造出自己想要表达的主题，才不致缺乏个性独特的风格、风采。

第二节　不同个性风格化妆造型定位和要点

现代讲究时尚的都市人，特别是现今的年轻人，越来越追求个性的发展，无论是内心还是外表，都强调对个性的展示。应根据个人的性格特点化妆，使每个人都具有独特的气质，让人产生过目不忘的印象。

一、创意设计原则

个性化妆造型既要强调个性特点，也要符合时尚的T.P.O造型原则，使被设计者的装扮与活动内容及活动环境吻合。造型重点要因人而异，程序可繁可简，但应特别强调发型的梳理和服装的搭配。

二、个性风格形象化妆造型定位

个性风格定位和形象化妆定位，要根据人物性格的倾向和个人的情趣而定，并不断完善。应了解不同类型人物的风格特点，掌握造型要点，使人物的内涵与外在形象和谐统一，使整体定位更具有个性风格和特点。

下面以一位模特在不同场合几种不同风格主题的造型为例，简单阐述时尚形象与化妆设计的造型定位与特点。

1. 浪漫风格造型定位

浪漫风格的群体造型定位是性感、热烈、娇媚、女人味十足。她们很解风情，一颦一笑之间都隐藏着精心设计的性感魅力。其化妆中眼影、唇彩常呈珠光、金属感光泽；服装尽可能以线条表现，或裸露身体的某些部分，使之在生理上有想象的弹性空间。

浪漫风格造型的主题是活跃、性感、不拘泥于形式，具有艺术气息（见图2−1）。

浪漫风格造型要点：

（1）强调皮肤的底色和质感；肤色柔和细腻、健康透明。

（2）眼部凹凸结构明显；长长的上翘睫毛，睫毛线线条要清晰鲜艳；如果睫毛稀少，应粘贴假睫毛，但是要将假睫毛修剪得自然一些。

（3）眉形使用略上挑的上扬眉，略细，强调线条的流畅性和粗细变化，强调眉色的虚实效果和线条的曲线流畅感。

（4）鼻形的修饰强调立体感，但是要自然。

（5）唇形要饱满厚实，唇峰圆润，轮廓线要清晰分明，口角略上翘；唇色可以修饰得鲜艳些，选择纯度较高的色彩为宜。

图2−1 临风玉立先闻香

模特 孙薇 / 化妆师 顾筱君

（6）其发型选择范围较大。发型可以选择有大卷曲线的披肩大波浪、造型新颖的盘发、随意绾成的蓬松发髻、时尚前卫的短发等，可任意变化。

（7）服装的色彩可以鲜艳跳跃些，例如玫瑰紫、鲜红等纯度较高的色彩；款式既可以选择表现身体曲线的长裙、紧身裤，也可以选择比较宽松的上衣和阔腿裤等。

(8)可以选择时尚感较强的夸张饰物。

2. 清纯风格造型定位

生活中的清纯和简洁素净有两个原因：一是不懂技巧，无所适从，主要是不懂打扮和变化的章法；还有一种是懂得层次的把握，仅想以平常心示人。即使是简单朴素，也应有相应的统一，如发型干净利落、唇部光泽滋润、眼神温和与从容，才能使清纯、简单不至于是空白无物，而是浅斟低唱的清纯韵味。

清纯风格类型造型喜欢表现自然、简洁、纯真的可爱本色（见图2-2）。

清纯风格类型造型要点：

（1）皮肤基底色要白皙透明，强调皮肤的细腻润泽。可以选择质地稀薄的湿粉粉底，以象牙色为佳。

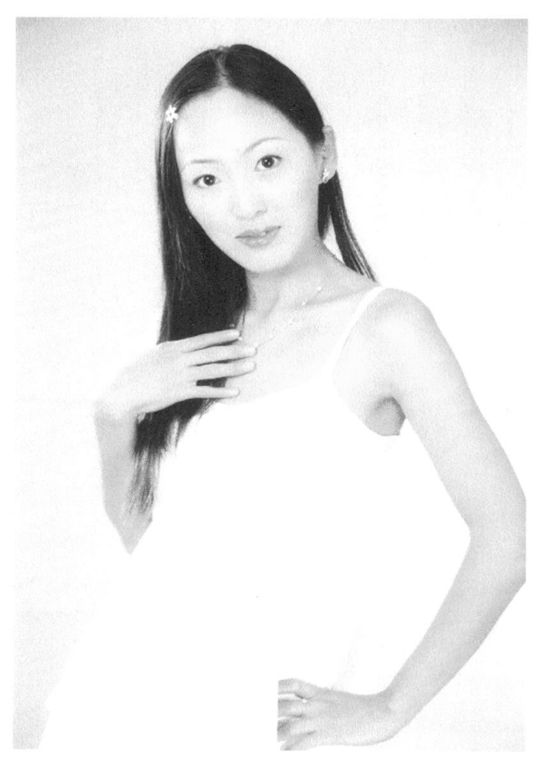

图2-2　冰雪肝胆一肩书

模特　孙薇 / 化妆师　顾筱君

（2）眼影色彩不要过于繁杂，宜选用清冷的蓝、绿、黄、深咖啡色，或者可以选与肤色接近的颜色，用色不要太繁杂，以2～3种为宜；睫毛线要自然，不要强调立体轮廓，可以选择灰色或驼色软芯笔描画，但是要强调睫毛的清晰。

随着“韩流”入侵，黑黑粗粗、拉长眼尾的眼线开始流行，令人有“萌萌”的可爱感觉。

（3）眉形追求自然或粗短型，眉色要浅淡。

（4）不可过于强调鼻形的修饰，要自然随意。

（5）唇形不必强调轮廓线；宜选择纯度较低但色彩明亮的口红，注意色彩和谐，如近年流行的“花瓣唇”“肉肉唇”等都很时尚。

（6）发型宜选择直线条，发丝要清晰流畅，头发或披或束，但是要简洁，如“齐刘海”等可以遮盖面部瑕疵的发型。

（7）服装的色调要柔和，款式要随意，面料以棉麻为佳。

（8）配饰选择皮质或木质的为佳。

3. 潇洒风格造型定位

潇洒风格类型造型定位，应根据性格多侧面的复杂变化而定，她们有喜爱新奇变化、敢于尝试的性格特征。此类型的人具有一定的独立意识和自我欣赏的能力。确立了个性定位后，其风格定位变化应当是层次丰富而有神韵的，不拘小节、我行我素、自然浪漫、潇洒含蓄。

潇洒风格造型的主题是不拘小节、我行我素，自然与浪漫并存、潇洒与张扬同在（见图2–3）。

潇洒风格造型要点：

（1）底色要自然，强调皮肤的润泽健康，选择质地稀薄的粉底，以略带一些粉红的本色为佳，有生机勃勃之感。

（2）要强调眼睛的立体轮廓。为强调眼睛的神采，眼影色彩可以丰富多彩；睫毛线线条要清晰鲜艳。

（3）两眉之间略宽，可让人感觉到开朗、热情、潇洒；眉形强调起伏感稍强或略上挑、带棱角的眉峰；眉色要自然浅淡，有虚实相间的效果。

（4）鼻形的修饰强调立体感，但晕染要自然。

（5）唇形的轮廓线要清晰，唇色宜浅淡，强调润泽感。

（6）发型的梳理宜选择略短的发式，线条可曲可直，但是要利落。

（7）服装面料以棉麻质地或灯芯绒较好，款式要随意休闲。

（8）选择的配饰要质朴简洁。

图2–3　偷得浮生半日闲

模特　孙薇 / 化妆师　顾筱君

4. 典雅风格造型定位

典雅风格类型的造型定位是恬静柔美、宁静庄重、委婉优雅，低调中隐含内力。性格

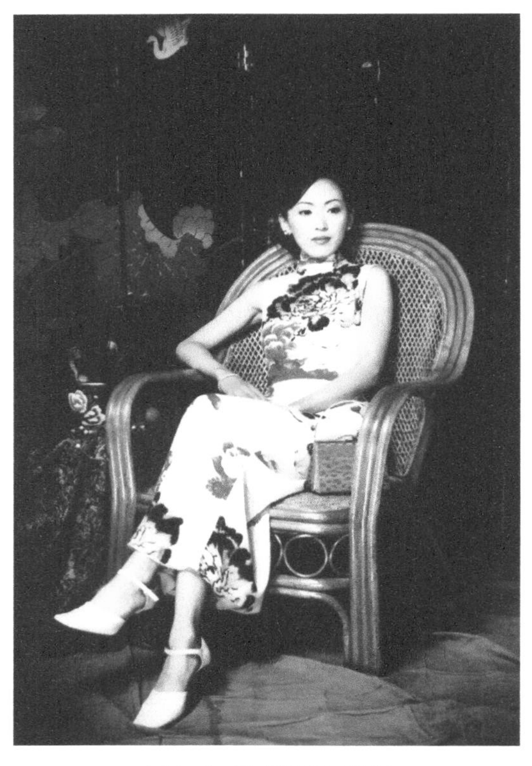
图2-4 扶疏绿荷正盈窗
模特 孙薇 / 化妆师 顾筱君

中的沉静忧郁令其喜爱追溯以往的怀旧格调，因此，其定位应当是一种略显成熟的悠闲与优雅，在精练的线条和素净的色彩中体现神清气定、娴静平和、优雅从容、内含些许忧郁的生活态度与审美品位。

典雅风格的造型主题是娴静平和、怀旧，略显成熟的悠闲与优雅（见图2-4）。

典雅风格造型的要点：

（1）改善肤色和肤质，底色要透明，强调皮肤质感，使其显得白皙细腻、光滑润泽。

（2）眼影柔和，适宜用暖色调色彩或中性色彩；睫毛线要虚；若晕染浅淡的眼影，以烟紫、烟蓝、烟灰色为主，雅致而高贵。

（3）眉形要有平稳流畅的起伏曲线，以柳叶眉、拱形眉为主，但是色调要柔和。

（4）鼻形的修饰要自然。

（5）唇形饱满而自然，唇色要浅，以亚光或粉质唇膏为佳。

（6）发型宜选择造型简洁的盘发或一些传统的发型，强调古典美的优雅与现代时尚相结合的高贵气质。

（7）服装的选择强调做工细腻、款式典雅，面料垂感强。

（8）配饰要精致。

三、个性整体造型的“三和谐”

个性整体造型要在三个方面与人物性格特点相和谐：化妆、发型、服装，三者在个性整体造型中相互依存、相互渗透。当化妆、着装和发型与人物性格产生共鸣时，人物性格的美感才能表现得更为充分。

1. 服装与个性的协调

浪漫风格的人着装追求浪漫、性感的艺术效果；典雅风格的人着装追求细腻精致、款式优雅；潇洒风格的人着装追求自然、时尚、休闲、不拘小节等。

2. 发型与个性的协调

浪漫风格的人发型追求大轮廓、大效果；典雅风格的人在乎发丝流向的流畅、优雅，纹理细腻；清纯风格的人发型追求自然而流畅。

3. 化妆与个性的协调

浪漫风格类型化妆追求性感、浪漫、时尚，色彩多变；清纯风格类型化妆追求清新自然、纯洁细腻，色彩柔和；潇洒风格类型化妆追求张扬或不拘一格、简洁休闲，色彩和谐明快；典雅风格类型化妆追求规律性，细腻而精练，优雅稳定，色彩比较中庸，或者用黑白灰色表达一种中性优雅的心态。

第三节　男性时尚形象设计

“三千豪气冲霄起，十万清风入骨来”“男儿壮志，四海遨骖”。在激烈的社会竞争中，越是事业有成的男士，越是注重自己的形象。但是要塑造成功男士的形象，并不是全身名牌或懂得时尚就行了，还要能正确运用时尚，把握好自己的自然形象和气质个性。

在生活中，我们根据人的五官长相、身材比例、肤色及年龄和性格特征，将男士形象大致分为四类：自在随意型、奔放型、庄重稳健型、儒雅传统型。

一、男性时尚健美标准

巴龙通人体美标准是近代流行的男性人体健美标准学说之一。巴龙通（Barrington）认为，成年男子的身高约为7.5个头身（从头顶到下巴的高度为一个“头”）；眼裂水平线约位于头部的1/2处；头至臀为4个头身，躯干中点在耻骨下端，身长的中点在下肢的最上部，肩宽一般小于2个头身，髋宽1.5个头身；膝以下为2个头身；肩至肘、掌根至指尖均约为1个头身。

1. 美国约翰·格林鲁克的男子健美标准

（1）男子上臂围（肌肉收缩屈肘时）=手腕的周长×2.1；

（2）胸围=手腕周长×5.62；

（3）腰围=胸围×0.64；

（4）大腿围=膝部周长×1.44；

（5）小腿围=大腿围×0.67。

2. 世界卫生组织的计算体重方法

（1）［身高(cm)−80］×70%=标准体重(kg)(其标准体重正负10%内为正常体重)；

（2）身高(cm)−105=标准体重(kg)。

二、阳刚之气与书卷之气

图2-5 《早安，陛下》——丹尼尔·戴-刘易斯（Daniel Day-Lewis）[①]

生活中，女性追求形象美丽、打扮时尚是天经地义的事情；而男性一旦与时尚、形象联系在一起，往往会让人侧目，总觉得有些“矫情”。在工作单位和社交场合，一位缺乏个性气质的男性很难博得异性乃至同性的好感。男性由于肌肉发达、强健有力、五官轮廓立体突出、性格刚毅，似乎就应该争强好胜，常常被认为是“雄性”的象征，或者俗称“阳刚之气”。男性的阳刚之气与女性的“阴柔美”形成强烈的“性气质”的阴阳反差。男性的气质来源于他的性格特征和心理特征，而学识教养、文化底蕴及其所处的环境背景才是其个性风格形成的真正动力（见图2-5）。

其实，生活中男性对自己形象的关注一点不比女性少。儒学是东方人体美学思想的来源之一，对东方美学意识形成有重要影响；其特征是以“乐”为中心，以“线”为艺术形式依托，以“情理交融”“天人合一”为根本。因此，儒雅的“书卷之气”与“阳刚之气”可以唤起人们不同的美的享受。当然，儒家虽承认感官欲望的存在，但必须在礼仪控制之下，男性的阳刚之气或者书卷之气和女性的阴柔之美均不能脱离“人道”，即“发乎情，止乎礼”，德、仁、礼为一体，德必从性来，人体美也应顺其本性，始于内，通天人，

① 本图来自网络。

方可求得真、善、美。因此，社会欣赏的美学角度和层次在变化，女性欣赏的目光也在变化，注重内在修养和精神气质修养的儒雅的书卷之气，是许多高层次、高学历的男性努力追求的目标。

三、男性气质与风度

人们欣赏识大体、知进退、有智慧、有内涵、理智而稳重的男性。当然这些男性不一定是五官粗犷、形象粗糙的阳刚形象，女性所欣赏的男性应当是儒雅的外表与刚烈的内在的完美统一。他们应该有家庭责任感、温和宽容、爱清洁、注重自我修饰，在意他人对自己形象的评价和建议，不刚愎自用，遇事好商量，有深厚的文化底蕴和广博的知识面，他们应当是单位里的好同事，家庭中的好丈夫、好父亲。这样的男性才会受到女性或者社会的赞同和认可。

今天，我们生活在一个充满压力的社会。男性在社会分工中的作用增强，他们在拥有越来越多的义务和权利的同时，也承受着越来越大的压力。他们必须做得更好，事业成功是理所当然的，而失败就会被群体所淘汰，被女性看不起。许多男性的压力源于社会教育理念，即男性必须事业有成。可是，从来没有人告诉他们，这些理念会给健康带来怎样的影响和损害。因此，男性需要放松自己、宽容自己，找一点时间提升自己的品行、修养，注重自我形象，增强必胜的自信心，男性需要自我调整。目前，提升我国男性形象中的气质与风度的课题也愈加受到全社会的关注（见图2-6）。

图2-6　逸民适志正踌躇

模特　张帅　/　化妆师　顾筱君

四、男性形象设计要点

笔者认为，男士一般可以不强调化妆，但应讲究卫生，给人以清爽整洁的印象。头发应当经常修剪，可显得精神焕发；男性的眉骨突出，眉形应当立体、棱角分明，眼睛应当经常有意识地左右活动，长期锻炼可令双眼炯炯有神，更突出地表现男性的理智与个性。

若需化妆，则应注重眉毛的修饰，眉的边缘应干净整洁，眉色均匀，眉形大方；眼睛尽量不用眼影，或用深于脸部肤色的深褐色，可适当加深眼线，会让眼睛看起来更加炯炯有神。总之，眉清目秀的形象总是令人心情愉悦。

胡须是男性阳刚美的一个典型特征，若留胡须则应勤修剪，不留则应经常剃刮干净，不要给人邋遢或无精打采的印象。男士的服装应清洁整齐，线条简洁明朗，以大色块为主。男士走路时应当稳重，步幅适中，双手摆动有力，腰部挺直，正所谓“站如松、坐如钟、行如风”，不要给人飘飘然的轻浮印象。总之，男士应当在发型、服装、文化底蕴、艺术修养、内在气质风度上，强调潇洒的阳刚之气与儒雅宽容的书卷之气的相互融合。男性的整体形象应当给女性一种强烈的震撼力，当然，还应当让人感受到安全感和责任心。

五、男士时尚形象心态

如今，梳妆打扮已不再是女性的“专利”，越来越多的男士抵挡不住时尚化妆的诱惑，纷纷加入这一行列，感觉一下“美丽与享受”，通过修饰自身形象，充分展示自身的魅力与风采。男士追求时尚形象的心理大致分析如下。

1. 塑造公众形象

这主要是一些“文艺圈”内的人和在涉外单位工作的金领、白领阶层，或者是私企的老板、总经理追求时尚形象的目的。这些人外表整洁大方，彬彬有礼，举止文明，气质风度俱佳，使人感到可亲可敬。公众形象塑造对他们而言，不仅会让其具有一定的影响力，有“人缘”，也有利于其事业的发展，有利于提高个人的“声誉”。

2. 塑造公关形象

这类男士一般都是企业的营销人员，口齿伶俐，他们具备很强的业务能力。若一位公关先生头发乱如青草且衣冠不整，人们会连他带的样品都不看就会回绝他；如果他比较注意自我形象设计，换上西服领带，可能会洽谈成功。作为一名企业的外勤人员，公关人员的形象塑造很重要。在双方互不认识的情况下，对方只能通过外表的形象推断你的素质与修养，乃至你所在企业的产品质量。所以在谈判前修饰一下自己的形象是很有必要的。

3. 塑造自我形象

在现代社会中，寻找伴侣时，不但要看对方的年龄、学历、工作、收入，而且还要看对方的外表、修养、风度，所以“第一印象”是决定成败的关键。一定要注重自身形象，以整洁卫生为好。中老年男性不时地做一做美容，也会令其精神面貌焕然一新，整个人的状态顿时年轻许多，这不仅能提高其工作效率，也会给其家庭生活带来无限乐趣。

随着男士越来越重视自身形象的塑造，男士化妆品也日益丰富，在市场上逐渐形成气候，且销售量呈逐年上升的趋势。

思考题

1.简述清纯风格的造型定位与要点。

2.简述浪漫风格的造型定位与要点。

3.简述潇洒风格的造型定位与要点。

4.简述典雅风格的造型定位与要点。

5.简述造型设计的“三和谐”。

6.简述男性造型定位与要点。

第三章

时尚化妆分论

本/章/重/点/与/难/点/提/示

一、重点

各种典型时尚妆型。

二、难点

1.好莱坞时尚妆。

2.黑白T台时装秀。

3.各类广告化妆。

4.眼窝线型、鱼尾线型、猫眼时尚妆。

5.20世纪50年代复古时装秀。

6.性感时尚小烟熏。

7.异国风情时装秀。

8.冷艳性感晚妆。

9.各类主持人妆。

10.日式艺伎妆。

11.欧式朋克妆。

12.面部彩绘与人体彩绘。

第一节　时尚妆型解析

一、好莱坞时尚妆

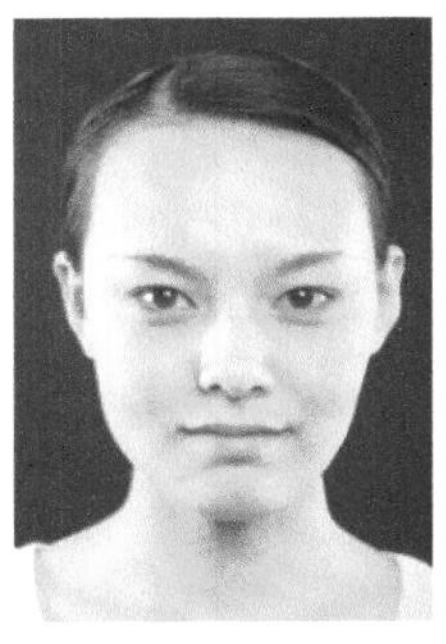

图3-1　模特妆前妆后对比

模特　贾向楠 / 化妆师　尤清

妆型分析

· 深邃妩媚的眼妆、俏丽立体的腮红、性感的双唇……这是一款使眼睛大而深邃、具有强烈视觉美感的妆型。自然健康的肌肤配合浅褐色或橙色的腮红使模特显得健康靓丽且女人味十足。此妆型让肌肤由内而外地自然透亮，眼睛大而有神，适合聚会、上镜等各种场合；另外，单眼皮、双眼皮均适用。

模特原型分析

· 模特脸型偏长，两颧较高，面部骨骼轮廓明显。

· 眉色浅淡，眉形稍散；眼形稍大，略有外突；鼻梁高而挺拔，鼻头较圆；下巴圆润，上唇较薄。

· 皮肤粗糙，有痘印或色素沉着，眼部有细小皱纹和黑眼圈，唇部有细小绒毛。

妆型要点

1. 皮肤表现

· 淡褐色粉底，不要太亮。遮瑕膏遮盖瑕疵。

· 高光色与阴影色修饰脸部轮廓。

· 淡褐色散粉或男用散粉定妆，产生稍黑些的效果。

2. 眉毛化妆

· 先修眉。在画任何一个妆型之前，都需要先把双眉修得分开一些，将眉毛四周的杂毛修理干净，要求眉心曲线流畅，眉形略上扬（后面不再提示）。

· 再画眉。画眉时应注意用深棕色眉笔顺着眉毛生长的方向一根一根地描补在原眉中间，眉头略粗，眉峰色稍深，眉尾略尖细，色浅淡。然后再用褐色眉粉画出自然眉形。

3. 眼部化妆

· 基本色　乳黄＋淡黄色，涂于整个上眼睑。

· 中心色　用褐色眼线笔在双眼皮位置稍上一些，在睁眼状态下画一条双眼皮线（以增大双眼皮），用蘸了正常肤色粉底的眼影刷涂画线下端，使眼线更明显。注意将褐色的双眼皮线画得清晰、干净流畅。

·注意：若造型呈西方人效果，双眼皮线的内、外眼角部分可以画得分开一些；造型呈东方人效果，双眼皮线的内、外眼角部分可闭合。

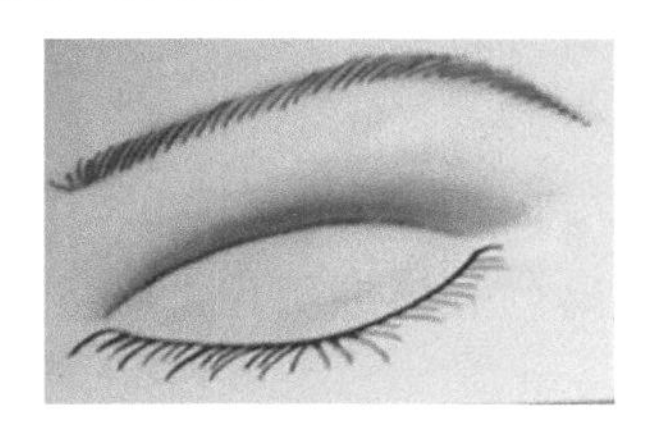

·重点色　用浅褐色从刚画好的褐色双眼皮线往上晕染，一直到眼窝线位置，并用深褐色强调，注意色彩过渡自然。

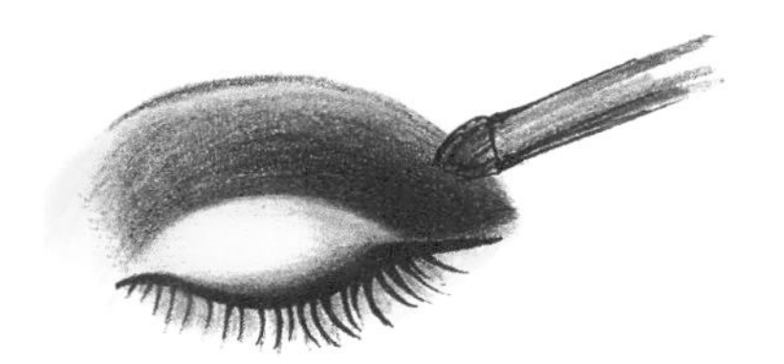

内眼角闭合式

内眼角开口式

·眉骨提亮色为乳黄色。

·下眼线为深褐色，外眼角水平拉长，使眼睛更大而有神。

·粘上假睫毛，并用黑色睫毛膏涂抹均匀，再将上眼线重新强调一遍。

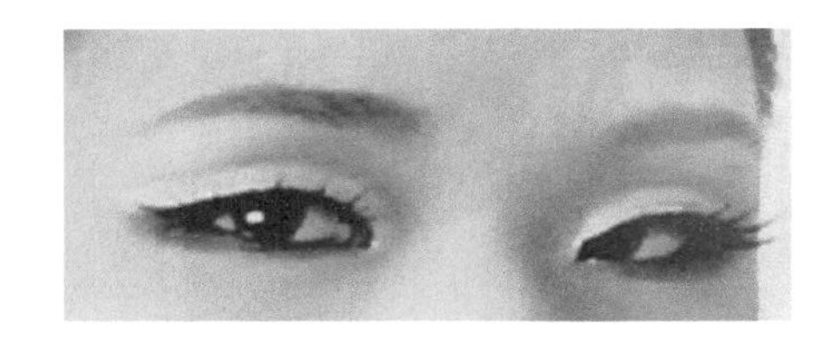

4. **唇部化妆**

·用褐色唇线笔画出夸张唇形，唇峰圆润，并用肉色充填，最后再上一层唇冻。

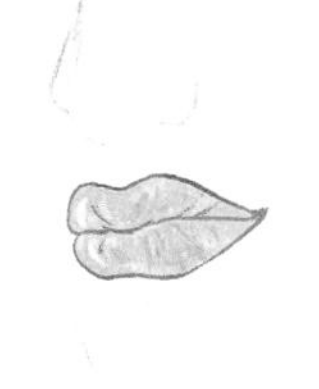

5. **腮红化妆**

·用浅褐色腮红强调颧骨下方，可以起到突出颧骨的作用，使妆型更加性感。

6. **修容**

·最后用深浅两用修容饼修容，重点加强两侧外轮廓。

7. **整体效果**

·发型应根据出席场合的服装，或盘

成高髻，或卷成大波浪，均是不错的选择；适当增加一些饰品，可以增添魅力。

·整体要求：典雅、大方、高贵、性感妩媚。

肌如玉，语如珠，十分才气更无尘。好莱坞电影明星的妆容，性感柔媚，一直是新一代年轻人追逐的对象。

图3-2　好莱坞时尚妆整体效果（1）
模特　陈欢 / 化妆师　佚名

图3-3　好莱坞时尚妆整体效果（2）
模特　贾向楠 / 化妆师　尤清

一个人可以有很多种变化着的形式之美，但若要符合特定场合的个性与气质神韵，则需要精心装扮。一旦明确定位，就要把握好人物的个性特征，这样才能使形象更加丰满，更加风情万种。

二、韩式水润妆

图3-4　模特妆前妆后对比

模特 张俊婷 / 化妆师　陈敏

妆型分析

· 这是一款新近流行的时尚妆型，由韩国时尚人士率先倡导兴起。刚刚脱颖而出的奶油水润质地的化妆品，对于已经熟悉使用粉底化妆的人来说是一种新的尝试。而奶油水光质地化妆品的最基本的使用方法就是基础打底。

· 此款造型适用于约会、旅游、休闲等轻松场合，单双眼皮均适用。

模特原型分析

· 模特脸型椭圆，两颧较平，面部骨骼轮廓明显。

· 眉色浅淡，眉形稍散；眼形稍大，略有外突；鼻梁高而挺拔，鼻头较圆；下巴圆润，上唇较薄。

· 皮肤粗糙，有痘印或色素沉着，眼部有细小皱纹和黑眼圈，唇部有细小绒毛。

妆型要点

· 水润、光泽，皮肤质感透明、闪亮。

1. 皮肤预处理

· 使皮肤具有水润透明的感觉，充分保湿和使用保湿效果较好的化妆品是关键。

· 干性皮肤，首先充分使用保湿的紧肤水，让脸喝足水之后，再使用基础护肤品，让皮肤由内而外像可以挤出水一样，产生一种“水光”的效果。

· 油性皮肤，皮肤油且暗哑粗黑，可以使用软性无油或收敛性化妆品收敛毛孔。

· 皮肤偏白又干燥，这类皮肤苍白且看起来很干燥，应采用一些油质和水分充足的基础护肤品，这样就会让皮肤看起来稍有血色且水润。

2. 化妆品

· 最近流行的一种3D黄金立体水光BB霜，以及skinfood的西红柿（番茄）水光美白系列是画水光妆较为理想实用的化妆品。

3. 皮肤表现

· 尽可能增添自然水润的感觉，将皮肤表现得很有光泽。

· 如果使用液体粉底，要将有瑕疵的地方用柔和的遮瑕笔先行遮盖。

4. **眉毛化妆**

· 修眉　将眉头的眉毛拔去，使双眉开阔一些；将眉四周的杂毛修理干净，要求眉形略平。

· 画眉　用褐色眉粉画出自然眉形。画眉时应注意用深棕色眉笔顺着眉毛生长的方向一根一根在原眉中间描补，眉头略粗，眉尾略尖细。

5. **眼部化妆**

· 基本色　将具有金属光感的金褐色或铁锈红色珠光眼影抹在上眼睑部位，眼尾的色泽要浓于眼头。

· 中间色　用白色珠光眼影以内眼角为重点，再在眼睛中央部位涂抹一次。

· 重点色　用金褐色或深铁锈红色将外眼角部位做重点晕染，使其深浅过渡自然。

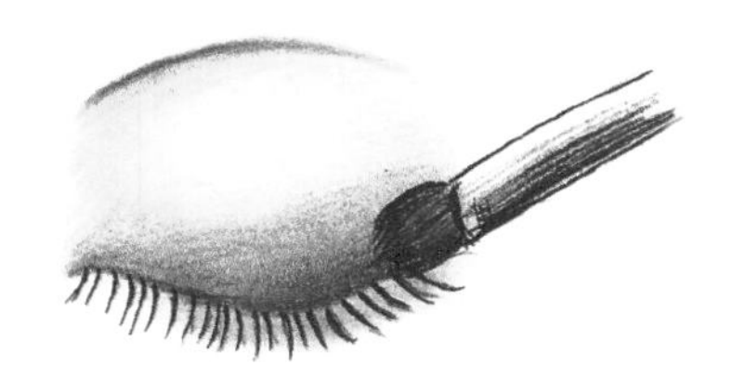

· 下眼线内眼角部位用白色珠光晕染，外眼角部位用金褐色珠光晕染均匀。

· 贴上假睫毛，并用黑色睫毛膏涂抹均匀。

6. **唇部化妆**

· 将褐色和橙色唇膏混合后，再在中央部位加珠光唇彩，最后再上一层唇冻。可以不用画唇线。

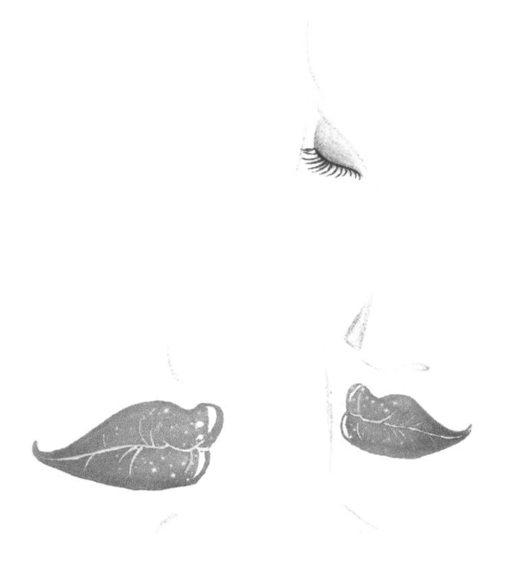

7.**腮红化妆**

· 将橙色与粉色珠光腮红混合后抹在颧骨部位，使妆型更加性感。

8.**修容**

· 用深浅两用修容饼修容。

9.整体效果

· 同妆型要点。

· 服装与发型可轻松浪漫或优雅时尚。

美就是这么简单、直白，当所有的元素都彼此呼应、和谐统一时，一种纯粹的美感就呼之欲出了。

图3-5　韩式水润妆整体效果

模特　张俊婷 / 化妆师　陈敏

三、黑白T台时装秀

图3-6 模特妆前妆后对比

模特 孙薇 / 化妆师 顾筱君

妆型分析

·黑白时装秀是T台模特在拍广告宣传册时使用的一种妆型。除了少数在杂志上用的照片是在广场T台或阳光下完成的以外，大部分是在室内T台或摄影棚灯光下完成的。因此，此妆型需要比一般日妆稍艳丽立体、生动传神。

模特原型分析

·模特脸型 典型的瓜子脸，两颧稍突出，面部骨骼轮廓明显。

·眉形 细而色浅淡；眼睛稍大，略有外突；鼻梁稍高而小巧，鼻头较圆；下巴稍尖，上下唇稍厚。

·皮肤 细腻，两颧部有少许痘印；眼部有细小皱纹和黑眼圈，唇线明显。

妆型要点

1. 皮肤表现

·在上底妆时，粉底要选择比模特本身皮肤微暗的色号，用阴影色和提亮色收紧面部轮廓。

2. 眉毛化妆

·修眉 把双眉修得分开一些，将眉四周的杂毛修理干净，要求眉形略平。

·画眉 用带有角度的眉峰来表现模特的冷艳。眉色采用褐色加黑色眉粉来表现。

用褐色眉粉画出自然眉形。画眉时应注意用深棕色眉笔顺着眉毛生长的方向一根一根在原眉中间描补，眉头略粗，眉尾略尖细。

3. 眼部化妆

·基本色 浅褐色或浅咖啡色、卡其色。

·中间色 深咖啡色，呈椭圆形均匀晕染。

·重点色 在上眼睑双眼皮重叠部分用深咖啡色加黑色均匀晕染。

4. 鼻部化妆

·提亮色 眉骨部分用白色提亮。

·下眼线 用深灰色或黑色液体眼线液细细描画。

·贴上假睫毛，并用黑色睫毛膏涂抹均匀。

5. 唇部化妆

· 用褐红色唇线笔画出理智或夸张的唇形，唇峰稍带棱角，并用深红色填充，最后再涂上一层唇冻，表现出冷艳的感觉。

· 也可以在唇的两侧增加些许黑色，涂抹均匀，并用金色珠光粉将唇中央提亮，增强唇的立体感。

6. 腮红化妆

· 选择浅褐色腮红，用斜线强调颧骨上方，使妆型更加冷艳。

7.修容及整体效果

· 用深浅两用修容饼进行全面部修容，并做整体造型设计。①

时尚化妆与形象设计要形成自己的风格，需要日积月累的揣摩与修炼。找出与个性、情趣相关的修行与修身之道，才能逐渐形成自己的风格和韵味。

图3-7　黑白 T 台时装秀整体效果

模特　孙薇 / 化妆师　顾筱君

① 展臂拥吻朝露冷，舒怀低吟拾贝歌。

四、广告化妆（夏季）

图3-8　模特妆前妆后对比

模特　吴琼 / 化妆师　赵倩

妆型分析

· 高温酷暑，即使拍摄现场有空调相伴，也免不了心烦气躁；而在湿度高的环境中，皮肤更易出汗出油。本来不太明显的毛孔，在夏天就格外明显。因此，夏季广告妆，一要注意色彩，应令人感觉清爽；二要注意控油。可使用收敛性化妆水，其目的是使皮肤恢复到正常的弱酸性。该妆型适用于所有女性。

模特原型分析

· 模特圆脸型，两颧较平，面部骨骼轮廓不明显。

· 眉形杂乱；眼形尚可，上眼睑肥厚；鼻梁塌，鼻头圆；下巴圆润，上唇较薄，下唇稍厚。

· 皮肤粗糙，有痘印或色素沉着，眼部有细小皱纹和黑眼圈，唇部有细小绒毛。

妆型要点

1. 皮肤表现

· 底妆比本人肤色略深1～2个色号，可稍收敛脸型。提亮和阴影处理不要太明显，要保持自然感觉。

2. 眉毛化妆

一字形粗眉或任意眉，用接近灰的黑色。

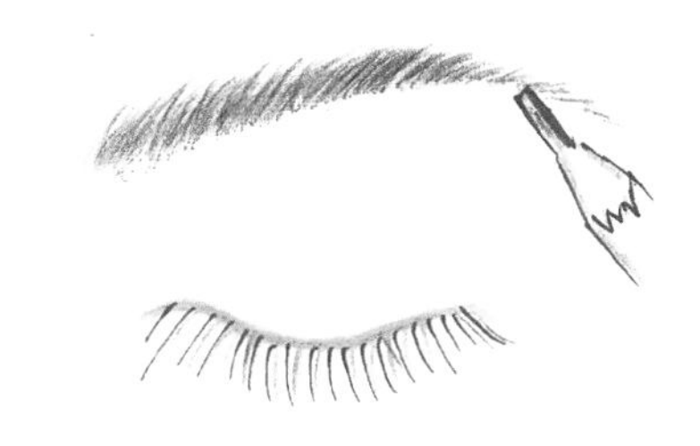

3. 眼部化妆

· 基本色　用白色眼影粉处理后在上眼睑处加天蓝色或绿色珠光。

· 中间色　用深蓝色或深绿色沿着双眼皮线晕染，注意过渡自然。

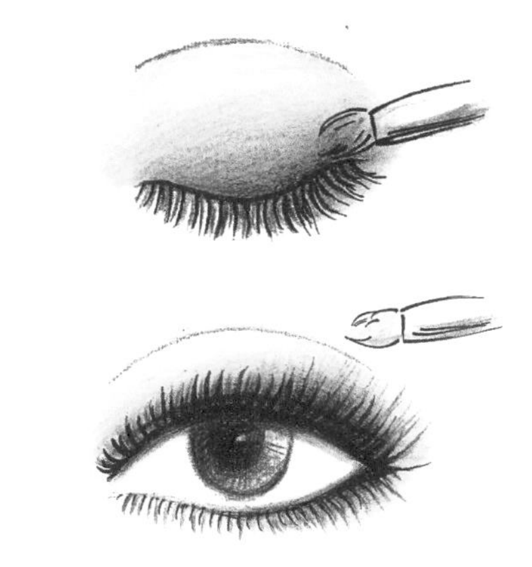

· 下眼线　用天蓝色或深绿色珠光涂抹整个下眼线；最后用白色涂抹下眼睑内膜，形成明显的间隔，强调清亮的感觉。

· 贴上假睫毛，并用黑色睫毛膏涂抹均匀，再将上眼线重新强调一遍。

4. **腮红化妆**

· 用粉红色系的腮红淡淡地晕染，注意控制面积，不要太大。

5. **唇部化妆**

· 用粉红珠光或肉色（浅色）唇彩自然表现。

6. **修容及整体效果**

· 用深浅两用修容饼进行全面部修容。

· 调整整体效果。[①]

图3-9　广告化妆（夏季）整体效果

模特　吴琼 / 化妆师　赵倩

① 我收藏着疼彻肺腑的爱的美丽，我采撷着纯真热烈的情的新荷；我期盼着涨满诱惑的晨的来临，我拨响那少不经事的梦的蹉跎；我等候着四季轮回的心的颤栗，我迷失在晚霞漫天的夏的磅礴……

我们习惯了对着镜子里单一的表情仔细端详，却不懂自己心灵深处隐藏的那些复杂情感所支撑着的对于不断变化的渴望。为了经常拥有新鲜的、快乐的心境和情趣，尝试用不一样的新鲜妆型重新诠释自己吧！

五、杂志封面妆（秋季广告）

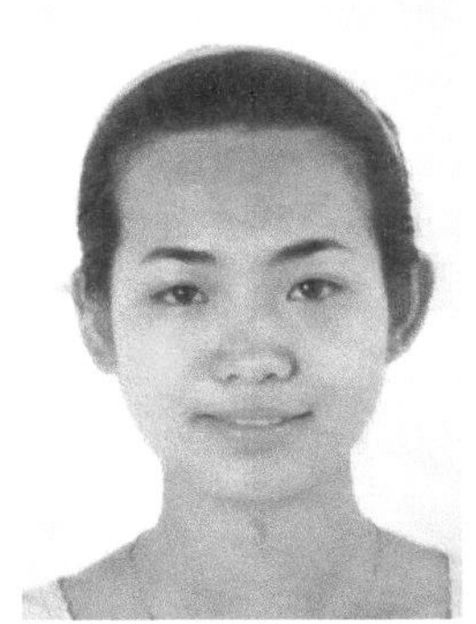

图3-10　模特妆前妆后对比

模特　蔺丹丹 / 化妆师　马迪

妆型分析

· 优美浪漫的秋季，配上具有独特主题、艳光四溢的金红、褐色，或一些柔和甜美的粉色来化妆，会令女士们变得轻盈靓丽，一扫秋日的萧瑟。秋季化妆希望表现出成熟、优雅的气质，因此以褐色系、粉色系、金红色系为主色调。涂在脸上的不只是彩妆，还是自信，是骄傲，是硕果。

模特原型分析

· 模特正三角脸型，两颧较平，面部骨骼轮廓不明显，面部稍显胖。

· 眉形杂乱；眼形稍大，上眼睑稍肥厚；鼻梁较塌，鼻头较圆；由于面部肌肉丰厚，下巴圆润，上唇较薄，下唇稍厚，鼻唇沟有很深的阴影。

· 皮肤粗糙，有痘印或色素沉着，唇部有细小绒毛。

妆型要点

1. 皮肤表现

· 将皮肤表现得亮一些，阴影色可省略。用透明散粉定妆。

2. 眉毛化妆

· 褐色＋灰色，选择眉峰处稍微带角度的拱形眉或标准眉。

3. 眼部化妆

· 眼部皮肤比模特原来皮肤暗一个色号，用基本色打底后提亮，阴影色应处理得明显一些，以增加轮廓立体感。

（1）眼部化妆——褐色系列

· 提亮色　象牙色。

· 基本色　象牙色。

· 中间色　先用褐色眼线笔（或眼线液）画眼线后，再涂上红褐色眼影，要涂得薄一些。

· 重点色　用深褐色在外眼角部位画上双眼皮线，注意过渡自然；再用象牙色在上眼睑中央做出提亮效果。

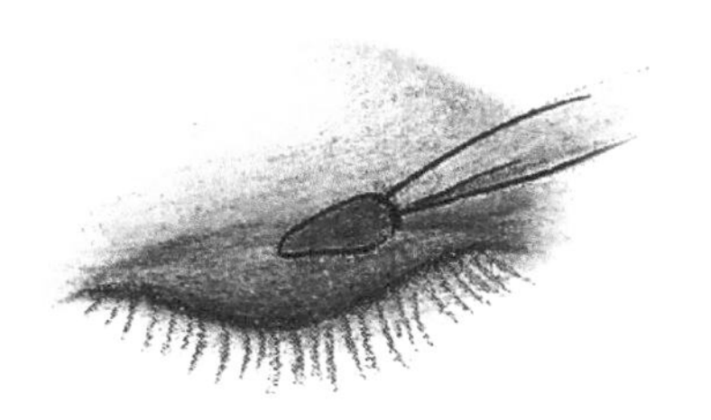

· 下眼线 用红褐色和深褐色涂满整个下眼线。

（2）眼部化妆——粉色系列

· 基本色 象牙色。

· 中间色 浅褐色。

· 重点色 浅粉色或深粉色。

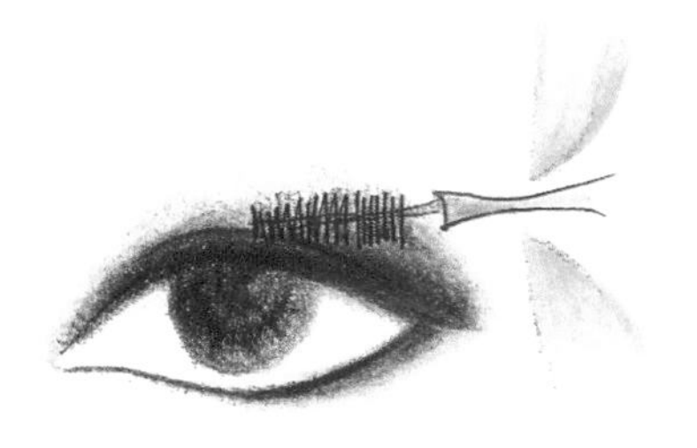

· 贴上假睫毛，用黑色睫毛膏涂抹均匀，再将上眼线重新强调一遍。

4. 腮红化妆

· 用粉红色系列或红褐色的腮红淡淡地晕染，注意控制面积，不要太大，表现温和的感觉。

5. 唇部化妆

· 用粉红珠光或肉色（浅色）唇彩自然地表现；或根据眼影选择橙色、褐色或暖调樱红色唇彩，唇形要画得丰满一些。

第一步：用肉色唇线笔勾画唇线，并用浅肉色充填涂满。

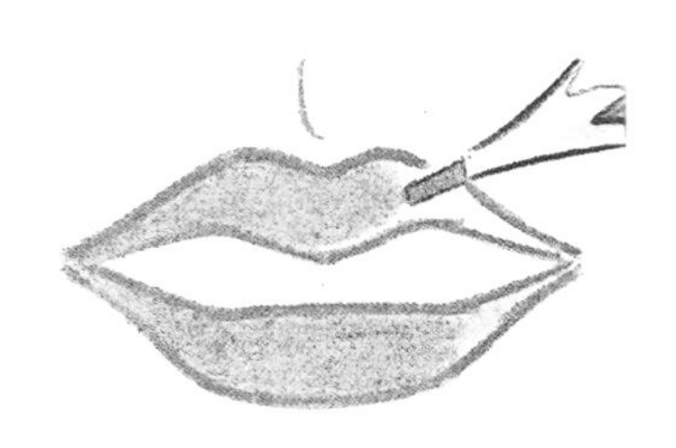

第二步：在唇部涂满橙色或樱红色唇彩，用餐巾纸吸干再涂，如此反复2～3次即可。

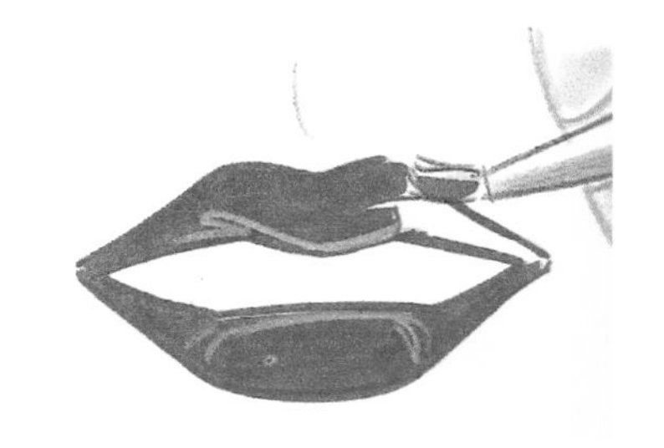

6. 修容及整体效果

· 用深浅两用修容饼进行全面部修容。

· 调整整体效果。[1]

① 偷得梨蕊三分秀，采来晨露作轻纱。也曾修身爱无悔，也曾画笺绘云霞。入夜又沉吟，倚栏煮清茶。歌雅自娇艳，情痴秋色华。

热情奔放、优美浪漫，色彩或轻或重，肤色或白或褐，秋季色是让人最为动容的妆容色。发型或盘或卷，服装或火或雅，只要在举手投足间表现出自信、快乐、从容就好。

图3-11　杂志封面妆（秋季广告）整体效果

模特　蔺丹丹 / 化妆师　马迪

六、时尚白领妆（冬季广告）

图3–12　模特妆前妆后对比

模特　王偲 / 化妆师　周露

妆型分析

· 冬季紫外线减弱，皮肤会稍稍白一些，同时冬季气候寒冷干燥，皮肤血管收缩，皮脂腺分泌减少，皮肤中的水分容易挥发，皮肤显得粗糙，易脱皮、有皱纹，甚至出现小裂口。所以化妆时尽量用暖色系，表现出温暖、温和、亮丽、优雅的感觉。化妆前应选用冷霜、营养霜对皮肤进行简单的养护，并配合适当的按摩，以确保肌肤细嫩、健康美丽。

模特原型分析

· 模特椭圆脸型，两颧较平，面部骨骼轮廓不明显。

· 眉形杂乱浅淡；眼形稍圆，上眼睑肥厚；鼻梁较塌，鼻头较圆；下巴圆润，上唇较薄，下唇稍厚。

· 皮肤粗糙，有少量色素沉着，眼部有细小皱纹和黑眼圈，唇部有细小绒毛。

妆型要点

1. 皮肤表现

· 比模特本人皮肤亮一个色号，可以先用粉色系粉底涂抹，再用粉色散粉涂得厚一些定妆。

2. 眉毛化妆

· 褐色＋黑色，标准眉型。若采用稍微细一些的拱形眉会更有温和的感觉。

3. 眼部化妆

· 基本色　将整个上眼睑涂上浅橙色。

· 重点色　先将紫红色涂在上眼睑的后1/2处，再用橙色晕染，用红褐色连接到内眼角。

· 提亮色　白色。

· 眼睑中央位置　用白色提亮，形状稍圆一些。

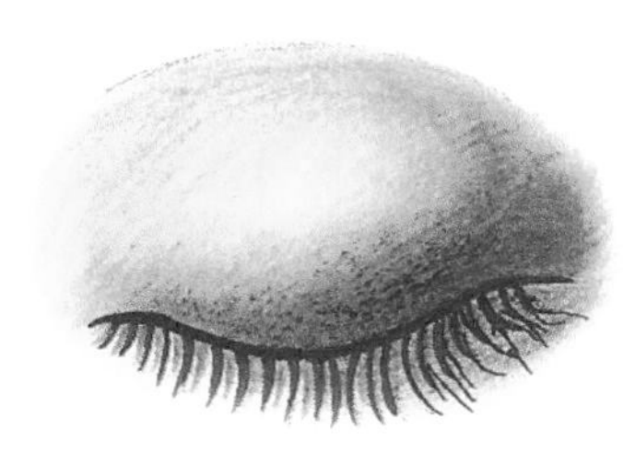

· 上眼线　用黑色眼线笔画眼线，再用液体眼线液描画得更加明显。

· 下眼线　先用褐色＋紫红色在外眼角1/3处连接，再用淡橙色涂抹整个下眼睑。

· 贴上假睫毛，用黑色睫毛膏涂抹均匀，再将上眼线重新强调一遍。

4.腮红化妆

· 用深粉红色以颧骨为中心涂抹，再用淡粉色晕染四周。

5.唇部化妆

· 用红色或橙色扩大唇型，使唇部显得丰满。

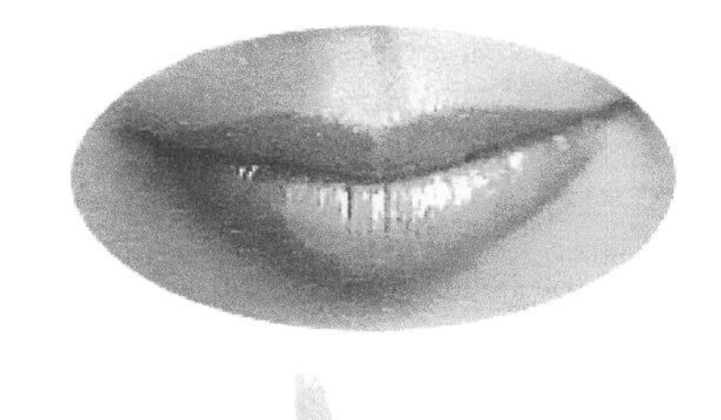

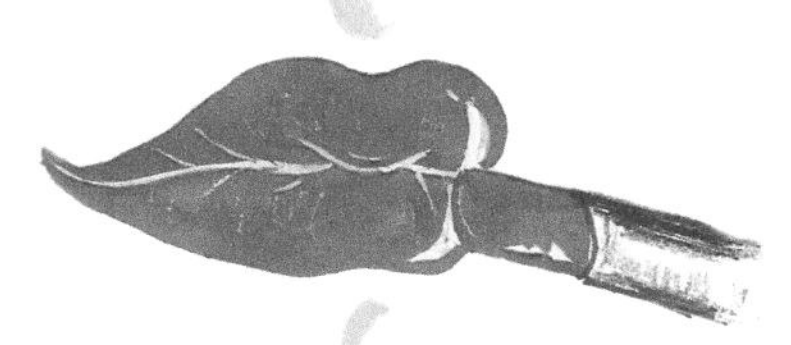

6.修容及整体效果

· 用深浅两用修容饼进行全面部修容。

· 调整整体效果。[①]

图3-13　时尚白领妆（冬季广告）整体效果
模特　王偲 / 化妆师　周露

冬季气候寒冷，皮肤容易干燥皲裂。白领们在化妆前适当使用补水面膜是十分重要的，可以令妆容水嫩滋润；同时，眼影最好采用暖色系，有温暖亲切之感。

① 海面万帆尽，红尘千缕情。嫣然笑低眉，月华窃西庭。一樽独醉，三更未尽，且住！挥手唤春回……

七、前后连接式

图3-14　模特妆前妆后对比

模特　孙薇 / 化妆师　顾筱君

妆型分析

· 时尚与创新紧密连接着国际潮流趋势。T台春秋时装秀惊艳亮相，可以从中发现各款时尚妆容的流行趋势，将T台装扮得更加婀娜多姿。

· 此款造型适合眉距宽、眼睛较大的人，用对比色或同色系颜色将人物表现得更加和谐靓丽。

模特原型分析

· 脸型为典型的瓜子脸，两颧稍突出，面部骨骼轮廓明显。

· 眉形细而色浅淡；眼睛稍大，略有外突；鼻梁稍高而小巧，鼻头较圆；下巴稍尖，上下唇稍厚。

· 皮肤细腻，两颧部有少许痘印；眼部有细小皱纹和黑眼圈，唇线明显。

妆型要点

1. 皮肤表现

· 白色珠光粉底＋透明散粉，必要时可以扑一些紫色散粉，表现出白皙红润的皮肤。

2. 眉毛化妆

· 褐色＋黑色，稍微细一些的拱形眉有温和的感觉。

3. 眼部化妆

· 基本色　用金色涂满上眼睑。

· 中心色　重点色部分　按前后表现，不能有线的感觉，表现出立体感。

· 重点色　外眼角用紫红色。内眼角以白色打底，用青紫色，相对于外眼角颜色浅且面积小。

· 提亮色　眉骨用亮色珠光。

· 下眼线　先用金色整个涂满，再用黑色勾画1/3。

· 贴上假睫毛，用黑色睫毛膏涂抹均匀，再将上眼线重新强调一遍。

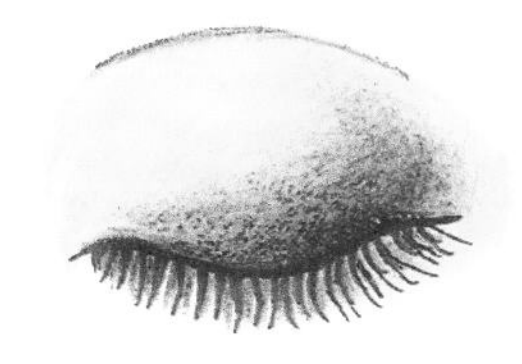

4. 腮红化妆

· 用粉色腮红表现出靓丽、有生气的状态。

5. 唇部化妆

· 用紫红色扩大唇形，使唇部表现出立体感。

6. 修容及整体效果

· 用深浅两用修容饼进行全面部修容。

· 调整整体效果。①

过多、过重地用色，虽然可明艳照人，却少了一份雅致、一份清纯，少了该有的那一份神韵。时尚形象造型具有一定的排他性，化妆乃至整体设计中的用色、线条形态和调整方式，要服从于整体风格和内在个性气质的需要，并据此找出最佳的妆容和最具有透射力的主题造型。

图3–15　前后连接式整体效果

模特　孙薇 / 化妆师　顾筱君

① 漏断更残谁与共？明月为诗魂也纵。含冰淡蕊应如初，挥倦赋，暗香送，白露风寒今夜重！

八、眼窝线形T台秀（一）

图3–16　模特妆前妆后对比

模特　张伦豪 / 化妆师　冻冰

妆型分析

·这是一款用于晚宴或比赛气氛的妆型。整体典雅浪漫、夸张优美。可以有多种变形。

·在实际运用中，常常用三色重彩来表现，既可增添宴会的欢快气氛，也可为赛事添上一抹亮丽色彩，例如黑、红、黄搭配，或黑、蓝、白搭配。

模特原型分析

·甲字脸型，两颧较平，面部骨骼轮廓明显，面部白皙。

·眉形浓黑；眼形细长，上眼睑稍肥厚；鼻梁挺拔，鼻头适中；下巴圆润，上唇较薄，下唇呈方形，稍厚。

·皮肤粗糙，有暗疮或痘印，唇部有细胡须。

妆型要点

1. 皮肤表现

·选择比模特本人皮肤亮一号的粉底。用紫色散粉＋透明散粉，或粉色散粉＋透明散粉定妆。

·脸部提亮部位用白色粉底；额头提亮用粉色粉底；不用加阴影色。

2. 眉毛化妆

·长的拱型眉，眉中部可以略粗，前1/3用紫色珠光眉粉。

3. 眼部化妆

·提亮色　白色珠光。

·基本色　淡粉色珠光（肿眼皮的人只用白色）。

·中间色　用黑色眉笔将前后连接，后半部分用青紫色、蓝色或红色珠光眼影粉（或用水性颜料，效果会更加艳丽）填充，最后用水溶性眼线液或水性颜料将黑色部分再强调一遍。

·眼睛中央 浅粉色珠光。

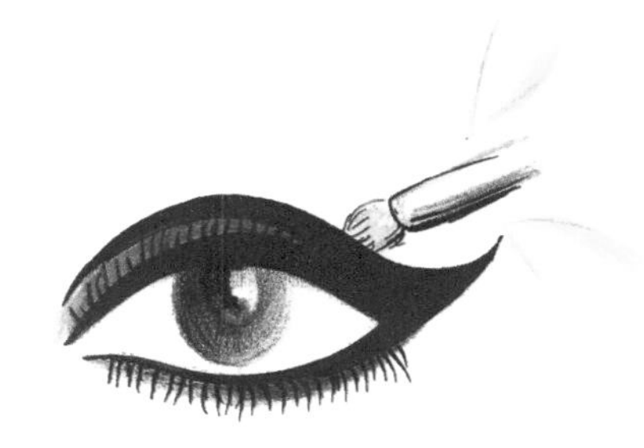

· 下眼线　内膜用黑色整体涂抹，下眼睑用青紫色涂抹。

· 眼线尾部与眼尾部可以连接起来，亦可以开叉，更显神采。

· 贴上假睫毛，用黑色睫毛膏涂抹均匀，再将上眼线重新强调一遍。

4. 腮红化妆

· 用粉色涂得稍微深一些。

5.唇部化妆

· 使用青紫色，中央部分用银色珠光或深葡萄酒色，即紫色唇彩＋银色珠光；亦可全部用深红色晕染。

6.修容及整体效果

· 用深浅两用修容饼进行全面部修容。

· 调整整体效果。[①]

图3-17　眼窝线形T台秀整体效果

模特　张伦豪 / 化妆师　冻冰

① 泰风佛语抒天下，青梅煮酒闲掷杯。三千浩气冲天起，十万清风入骨飞！

意气风发的小王子，不经意间来到眼前，带来令人难以忘怀的瞬间。

金色高贵、华美，但过多则会显得乏味。因此，在金色中掺杂一些橙、绿、蓝、紫或紫红，更能增添金色的生命活力，形成强烈的视觉冲击力。

九、眼窝线形T台秀（二）

图3-18　模特妆前妆后对比

模特　黄思齐 / 化妆师　袁静

妆型分析

· 这是一款常在时尚秀、比赛场合或舞台上使用的眼窝线形妆型，可以给人留下深刻的印象。只要将晕染位置稍加提高就可以成为一款新的烟熏妆。双眼皮线用亮色珠光提亮，眼线用黑色或者深蓝色眼线液，走势向上，强烈的色彩反差能表现一种视觉力度。

模特原型分析

· 模特长方脸形，两颧较高，面部骨骼轮廓明显，面部白皙。

· 眉形杂乱；眼形细长，上眼睑稍肥厚；鼻梁稍塌，鼻头稍小；两颊结节明显，上下唇较厚，下唇呈方形。

· 皮肤粗糙，有暗疮或痘印，唇部有阴影。

妆型要点

1. 皮肤表现

· 涂抹绿色系隔离霜，用遮瑕笔遮瑕。选择与皮肤颜色相同或暗一点的粉底。

· 对颧骨、下巴线、眉骨、额头等部位通过提亮和阴影来表现轮廓。

· 在散粉中加些珠光粉，或直接利用珠光散粉表现出珠光亮泽，使皮肤呈现一种鲜亮的感觉。

2. 眉毛化妆

· 标准型或基本拱形眉，用深褐色画得稍微细些。

3. 眼部化妆

· 基本色　用白色抹上基础色后，空出双眼皮线到内眼角的位置，用深蓝色找出界线后用白色晕染填充。

· 二次色（中间色）　用黑色＋绿色或者紫红色+黑色从外眼角的轮廓凹陷处淡淡抹到内眼角的2/3处为止。

·三次色（重点色）　用黑色在外眼角部位进行重点晕染。

·四次色　双眼皮线用白色唇线笔画出清晰界线后，4区、5区与6区的一部分用白色珠光提亮。

·眼线　用黑色或蓝色眼线液画得粗些，外眼角比眼尾更长、更尖。

·下眼线　内眼角用深蓝色＋绿色，眼尾用黑色，并用白色眼影晕染均匀。

·睫毛　贴上银色或黑色假睫毛，用睫毛膏涂抹均匀，再将上眼线重新强调一遍。

4. 腮红化妆

·将基本色与浅杏色在颧骨处轻轻晕染均匀。

·注意：额头、鼻梁、眼睛下部、下巴用白色珠光提亮。

5. 唇部化妆

·用肉色、浅杏色＋银灰色珠光＋唇彩，塑造性感饱满的唇形。

6. 修容

·用深浅两用修容饼进行全面部修容。

7. 整体效果

·热烈奔放，重点在眼部的强烈反差表现。

图3-19　眼窝线形T台秀整体效果（1）

模特／化妆师　佚名

青春，是清晨升起的第一道霞光，年轻人的心明朗而飘忽，常常为期望而呐喊，为爱情而痴狂，为音乐而起舞。年轻女性是时尚的主力军，她们对色彩的运用最为热烈；她们将个性情趣与时尚化妆融合得如此完美，如此浪漫。

图3-20 眼窝线形T台秀整体效果（2）

模特 黄思齐 / 化妆师 袁静

十、20世纪50年代复古时装秀

图3-21 模特妆前妆后对比

模特 彭妍 / 化妆师 陈敏

妆型分析

· 怀旧，20世纪五六十年代的波普艺术、摇摆乐、时尚着装风格：男人们头发紧贴着头皮，油光水滑，西装兜里装着手帕；女人们留着极具特色的金色短卷发，身穿A字裙，展示淡雅复古妆容；T台上简朴自然的化妆兼容了复古与时尚的风格；眉眼弯弯，融合了时下最流行的复古元素，力图真实再现20世纪五六十年代最具女人味的时尚罗曼蒂克风格。

模特原型分析

· 椭圆脸型，两颧较平，面部骨骼轮廓不明显。

· 眉形浅淡杂乱；眼形稍大，上眼睑肥厚；鼻梁稍塌，鼻头小巧；下巴圆润，上唇较薄，下唇稍厚。

· 皮肤质感尚可。

妆型要点

1. 皮肤表现

· 粉底涂得淡一些，提亮色和阴影色也要涂得柔和一些，表现出皮肤的透明质感。

2. 眉毛化妆

· 褐色＋黑色，稍细一些的拱形眉给人温和的感觉。

3. 眼部化妆

· 基本色　黄色（也可用膏状眼影）。

· 中心色　用酒红色珠光抹得深一点，抹开后将眼尾抹得稍宽、长一些（也可以用膏状眼影）。

· 重点色　利用青紫色或酒红色将上眼睑的1、2、3区再抹一次。

· 上眼睑　中央用棉棒抹上唇彩（或膏体眼影）后，再抹上金色珠光。

· 提亮色　白色。

· 下眼线　眼尾1/3处用黑色眼线笔连接。

· 贴上假睫毛，用黑色睫毛膏涂抹均匀，再将上眼线重新强调一遍。

图3-22　20世纪50年代复古时装秀整体效果（1）
模特　陈欢 / 化妆师　顾筱君

4. **腮红化妆**

· 以珊瑚色为佳，将发际线、颧骨、脖子连成柔和整体，演绎简练的形象。

5. **唇部化妆**

· 尽量接近肉色，用银色唇彩或珠光做出提亮效果。

6. **修容及整体效果**

· 用深浅两用修容饼做全面部修容。

· 调整整体效果。①

图3-23　20世纪50年代复古时装秀整体效果（2）
模特　彭妍 / 化妆师　陈敏

① 优雅的复古潮，用稍夸张的线条、精致的妆面和柔和的色彩，演绎出一种纯粹，一种柔美却生机盎然的生活态度：唯美、诗意、欢愉、静美。

有人说：好莱坞的能耐在于将所有现实的悲恸与哀伤情怀转换成温情大戏剧……就此而言，好莱坞抓住了票房与人心。其实，复古时尚化妆也可以运用这个法则：谁能够让人感到轻松、愉快，谁就能够流行半个多世纪。

图3-24　20世纪50年代复古时装秀整体效果（3）

模特 / 化妆师　佚名

十一、鱼尾线形时尚妆

图3-25　模特妆前妆后对比

模特　陈欢 / 化妆师　顾筱君

妆型分析

· 时装秀是最接近于时尚生活的舞台艺术，也属于表演艺术生活化的范畴。其中鱼尾线形的化妆技法最受欢迎，从中可以发掘多种变形妆型。

模特原型分析

· 椭圆脸型，两颧稍平，面部骨骼轮廓不明显。

· 眉形浅淡杂乱；眼形细长，上眼睑稍凹陷；鼻梁较塌，鼻头较圆；下巴圆润，上唇较薄，下唇稍厚。

· 皮肤质感尚可，肤色欠佳，额头有少量痤疮。

妆型要点

1. 皮肤表现

· 比本人皮肤颜色亮一个色号，表现干净、透明的感觉。

2. 眉毛化妆

· 斜线形，用褐色画得稍微细一些。

3. 眼部化妆

· 基本色　利用稍带珠光的浅黄色均匀涂抹。

· 上眼线　先用眼线笔画出上眼线，要画得比平时再向上拉长一些，再用青紫色（黑色亦可）眼线笔（液）或水性颜料画一次。

· 下眼线　前端用浅黄色珠光表现浪漫感觉，离开外眼角部分往下画得长一些，表现鱼尾形状。

· 上下眼线之间　用白色珠光填满。

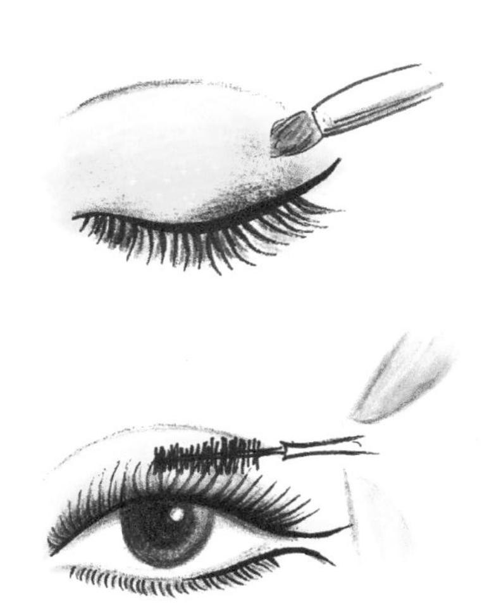

·睫毛　将假睫毛剪成需要的长度，只贴在上睫毛线的后部；将尾部多涂上一些睫毛膏，再涂上金色珠光，表现靓丽的感觉。将单根睫毛种在下睫毛外眼角处，使鱼尾更完善。

4. **腮红化妆**

·眼睛下方部分用粉色来表现出柔和的感觉，再撒上金色珠光粉。

5. **唇部化妆**

·肉色，表现湿润、透明感觉，为了凸显眼妆，不要让唇色太突出。

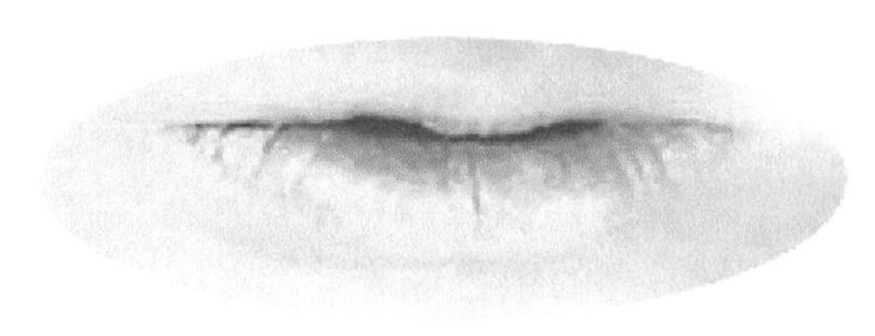

6. **修容及整体效果**

·用深浅两用修容饼做全面部修容。

·调整整体效果。

初学化妆时，往往为缺乏灵感而着急。这时，笔者会到那些文化底蕴深厚的地方旅游，感受那里的风土人情，接受文化的熏陶，从当地那些神话、传说、童话中汲取灵感，创作出属于自己的新风格。

图3-26　鱼尾线形时尚妆

模特　陈欢 / 化妆师　顾筱君

如果你是一名艺术的忠实追随者，是一名热爱美丽的立体主义“粉丝”，你就会对那些古典艺术风格情有独钟，并且对现代时尚化妆艺术备感亲切。如同这一款古老优雅的鱼尾线形眼妆，从中可以变换出多种新的现代演示性时尚妆型。

十二、裸妆（铜色化妆）

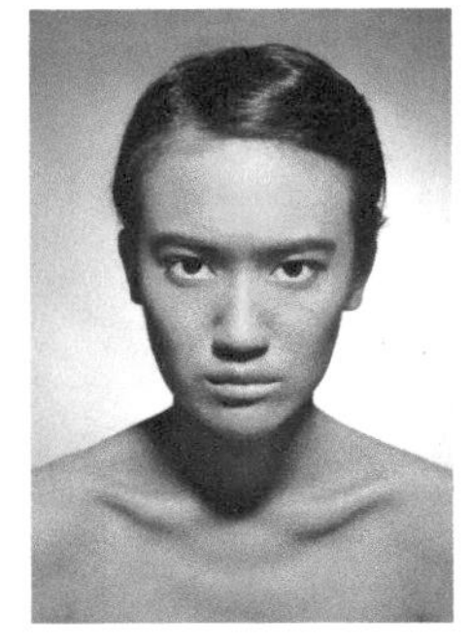

图3-27　模特妆前妆后对比

模特　于毓珩 / 化妆师　尤清

妆型分析

· 如何在特别的场合凸显自己的个人风格？高贵成熟的裸妆（金铜色）常给人出乎意料的绚丽感。紫色与金铜色营造出优雅、高贵、叛逆的气息。金铜色裸妆十分适合聚会，色泽本身贴近肤色，不会太“抢眼”，但其质感足以令人眼前一亮。

模特原型分析

· 椭圆脸型，两颧稍平，面部骨骼轮廓不明显。

· 眉形浅淡杂乱；眼形细长，上眼睑稍肥厚；鼻梁较塌，鼻头较圆；下巴圆润前倾，上唇较薄，下唇稍厚。

· 皮肤质感尚可，肤色欠佳，有少量色斑。

妆型要点

1. 皮肤表现

· 粉底一定要选用比本人皮肤颜色暗两个色号的，散粉也应用暗色粉，或可直接用男用散粉表现晒黑后的性感野性之美；也可以在男用散粉中加入少许白金色珠光粉，混合均匀后定妆，让皮肤黝黑如铜色，更加靓丽闪光。

2. 眉毛化妆

· 按照模特原来的眉形，画得漂亮一些。

3. 眼部化妆

· 基本色　亮的银色珠光。
· 中心色　用金色晕染均匀。
· 重点色　褐色珠光。

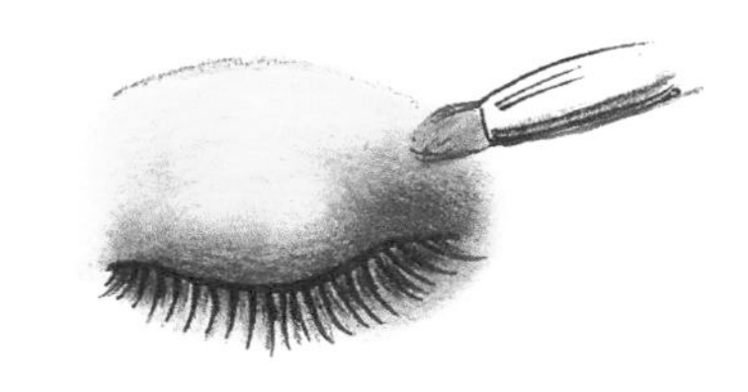

· 提亮色　亮的银色珠光。
· 下眼线　内眼角部位——玉色。
　　　　　外眼角部位——褐色珠光。

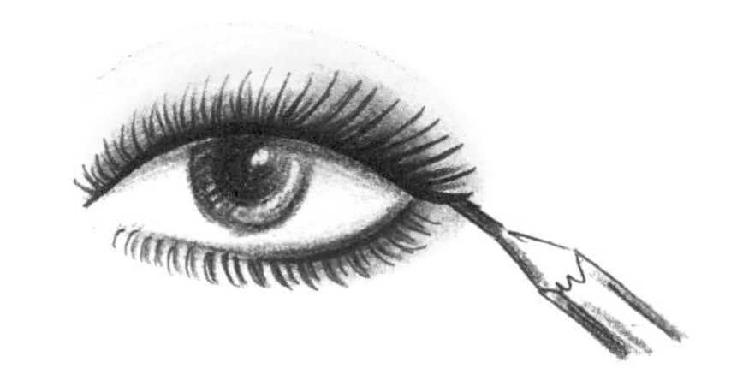

4. 腮红化妆

· 先用橙色腮红晕染，若想要更好的

效果，可掺杂白金色珠光粉再晕染一遍。

5. 唇部化妆

· 涂抹深亮的橙色以后，再用唇彩涂抹一次。

6. 修容

· 用深浅两用修容饼做全面部修容。

7. 整体效果

· 健康褐色的闪亮效果，是非常流行的一款时尚裸妆。

在常用的普通透明散粉中，加入适量的珠光亮粉，定妆后妆面会产生熠熠生辉的效果，特别适合聚会、比赛等场合。在冷线条的背景下，配上无肩或单肩的晚装长裙，用矛盾冲突挑战保守传统。对于那些不愿做淑女的时尚女性来说，铜色的质感更能增添冷艳效果。

图3–28　裸妆（铜色化妆）整体效果

模特　于毓珩 / 化妆师　尤清

十三、性感时尚小烟熏

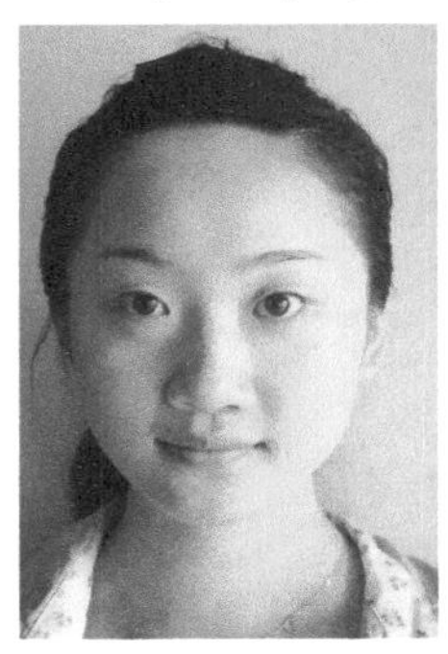

图3-29 模特妆前妆后对比

模特 于毓珩 / 化妆师 尤清

妆型分析

· 天空般湛蓝、湖水般清绿，炎炎夏日要展现最迷人性感的脸庞。将蓝绿色眼影深深浅浅晕染在眼周，打造出迷朦深邃的性感烟熏妆。通过细小的珠光变化，让眼眸在展现蓝绿光彩时散发出神秘性感的时髦魅力。

· 眼妆的光泽持续绽放，如天生媚眼般不断放电，这是大多数女性所向往的。眼妆在触感上需要如丝绒般顺滑和羽毛般轻盈，只有这样才能让其更持久，增添舒适感，让双眸绽放性感的魅力。

· 模特原型分析

· 脸型略方，两颧扁平，面部骨骼轮廓不明显。

· 眉形浅淡稍乱，眼睑稍鼓突，鼻部稍硬，下巴稍肥厚，上唇稍落。

· 皮肤稍黑，肤色欠佳。

妆型要点

1. 皮肤表现

· 透明靓丽的皮肤表现，用珠光散粉定妆。

· 用珠光粉底表现少女清纯、清爽的风格。

2. 眉毛化妆

· 按照模特原来的眉形，画得漂亮一些。

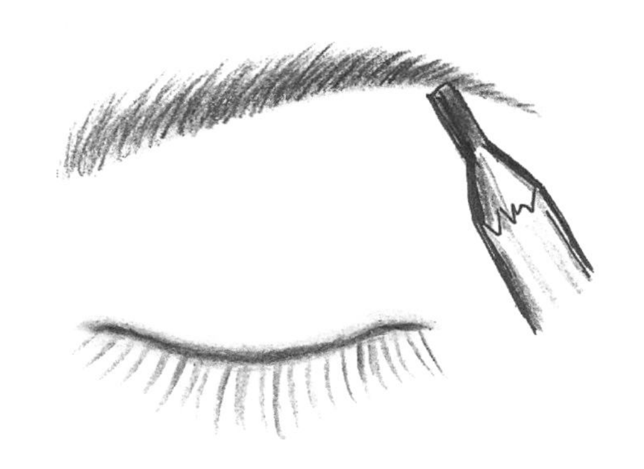

3. 眼部化妆

· 基本色　用白色带有蓝色或粉色的珠光粉涂抹在眼窝处。

· 中心色　用深蓝色珠光粉或粉色珠光粉涂抹在双眼睑上面的内眼角部分，然后再用白色珠光粉涂抹，提高亮度。

· 提亮色　白色珠光。

· 下眼线　内眼角部位涂抹白色珠光，外眼角部位涂抹深蓝色珠光。然后再用褐色眼线笔将下眼线根部整体描画一遍。

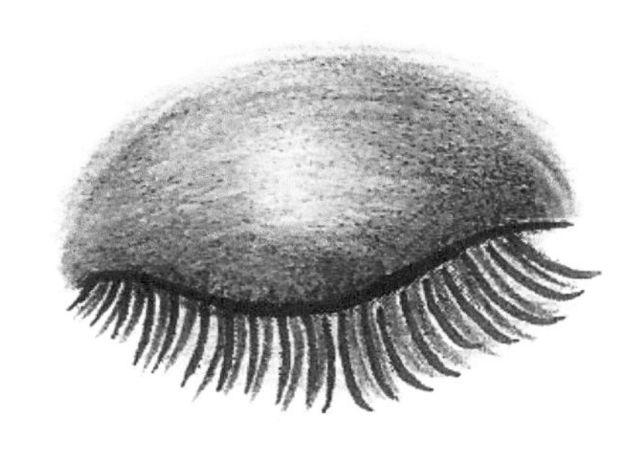

珠光闪耀，快乐和性感并存，将青春的纯真与流行文化的激情与热烈相结合，用优雅对抗平庸，用璀璨对抗浅薄，展现脱俗、奔放与高雅共存的无限魅力，真实再现年青一代超越自身的生活态度与唯美风格。

· 注意：眼影和睫毛膏要突出。

4. **腮红化妆**

· 用橙色腮红将颧骨下面均匀晕染。

5. **唇部化妆**

· 用白色唇线笔画出唇线，用粉色唇彩或橙色唇彩填充。

6. **修容**

· 用深浅两用修容饼做全面部修容。

7. **整体效果**

· 注重眼妆清透传神的效果，可以搭配多种妆型或多种场合。

图3-30　性感时尚小烟熏整体效果

模特　于毓珩 / 化妆师 尤清

十四、异国风情时尚妆型

图3–31　模特妆前妆后对比

模特　孙薇 / 化妆师　顾筱君

妆型分析

· 异国风情正盛，华丽成熟、性感十足的妆容自然备受瞩目。想要时髦性感，不妨大胆试试这款异国风情妆型，它能让妆容整体效果更突出。精致的烈焰红唇、轻盈的妖娆体态，与无瑕的肌肤相得益彰。纯白或纯黑印花薄纱小礼服配纯黑抹胸长裙，再用几何图案的配饰凸显时尚，发丝利落地向后梳起，将前额刘海修剪成小小的桃形，能够很好地展现出可爱、唯美和性感的风格。

· 此款妆容最漂亮之处莫过于紫红色珠光眼影，靓丽的深紫红色搭配纯白色或纯黑色小礼服，典雅中流露出娇艳浪漫，是一款追求时尚的唯美妆型。

· 模特原型分析

· 典型瓜子脸，两颧稍突出，面部骨骼轮廓明显。

· 眉形细而色浅淡；眼睛稍大，略有外突；鼻梁稍高而小巧，鼻头较圆；下巴稍尖，上下唇稍厚。

· 皮肤细腻，两颧部有少许痘印；眼部有细小皱纹和黑眼圈，唇线明显。

妆型要点

1. 皮肤表现

· 比本人肤色暗一个色号。眉骨和下眼睑部位用白色珠光粉涂抹得宽一点，定妆的散粉量可适当减少一些。

2. 眉毛化妆

· 按照模特原来的眉形，画得漂亮一些。

3. 眼部化妆

· 基本色　白色。

· 中心色　用黑色画内眼角和外眼角部位，以上提的形式细细拉开，要表现出本来的形状。眼睛中间部位用褐色感稍强的酒红色珠光连接。

· 下眼线　用黑色把前后下眼线稍微拉长。

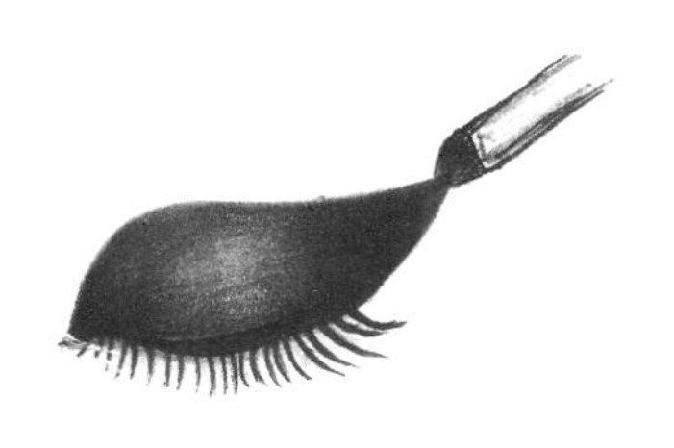

· 注意：眼影和睫毛膏要突出。

4. 腮红化妆

· 用浅褐色腮红均匀晕染，注意打得浅一些。

5. 唇部化妆

· 抹上浅褐色唇膏后，用白色唇膏或唇冻在唇中间提亮，使双唇更加丰满靓丽。

6. 修容

· 用深浅两用修容饼打出面部轮廓，进行整体修容。

7. 整体效果

· 性感、休闲、优雅、舒适，塑造出娇美可人的小家碧玉型风格。①

柔软的白草帽与一身白绒毛极具异域风情，无论是身披羽毛的浪漫女郎，还是绽放东方风情的俏丽公主，都赋予了造型别样的面貌，开启了通往旖旎风情的时尚梦幻道路。

图3-32　异国风情时尚妆型整体效果（1）

模特 / 化妆师　佚名

① 彩霞为我拥清露，在林泉深处，今生寻遍终逢君，却匆匆来去。幼时稚影，东窗攀树，倩何人传语？此心已寄木兰舟，不论朝与暮。

在任何领域，基础化妆技艺与专业化妆师技艺之间都有一条分界线，化妆师只有刻苦努力，不断深造，才能越过这条界线，达到更高的专业水准。

从专业角度说，任何化妆都不存在完全正确的化妆方法，有的只是成为某一角色或人物化妆部分的创意性视觉转换效果或个人审美的评判标准。

图3-33　异国风情时尚妆型整体效果（2）

模特　孙薇 / 化妆师　顾筱君

十五、冷艳性感晚宴妆

图3-34　模特妆前妆后对比

模特 李卓璠 / 化妆师 尤清 / 摄影 李仕潭

·妆型分析

·性感晚宴妆以独特的形式，将浪漫、性感、华丽、休闲等多种类型风格综合为一体，展示了一道别开生面、活色生香的风景线。

·这也是一款时尚的性感休闲妆，但其表现手法与前一款有着截然不同的韵味。

·模特原型分析

·典型瓜子脸，两颧稍突出，面部骨骼轮廓明显。

·眉形细而色浅淡；眼睛稍大，眼皮稍肿，略有外突；鼻梁较高，鼻头较圆；下巴稍尖；上下唇稍厚实。

·皮肤白皙，两颧部有少许痘印；内下眼角有细小皱纹和黑眼圈，唇线明显。

妆型要点

1. 皮肤表现

·油性的皮肤表现＋晒黑似的皮肤（类似于铜色化妆）。

·粉底要比本人的肤色暗两个色号，散粉可用男用散粉或暗色散粉。

·在散粉中加入少许白色、金色珠光散粉，让皮肤表现得更加光滑、亮泽。

2. 眉毛化妆

·按照模特本人眉形，干净画出。

3. 眼部化妆

·基本色　白金色珠光。

·中心色　金色晕染。

·重点色　内眼角橙色，外眼角卡其色。

·提亮色　白金色珠光。

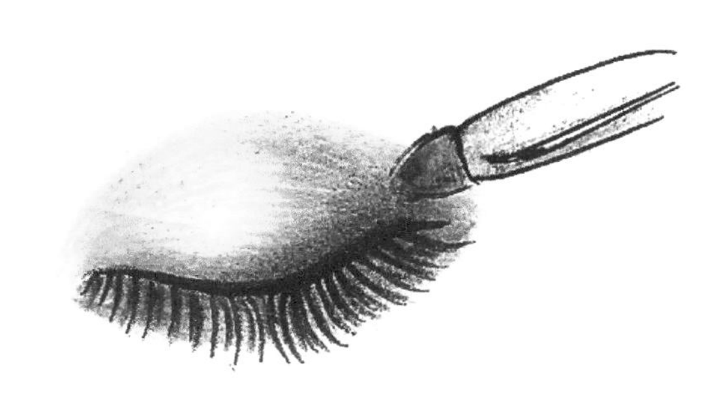

·下眼线　用卡其色眼线笔把上、下眼线整体画好。

·内眼角用金色珠光或白色珠光。

·外眼角用卡其色。

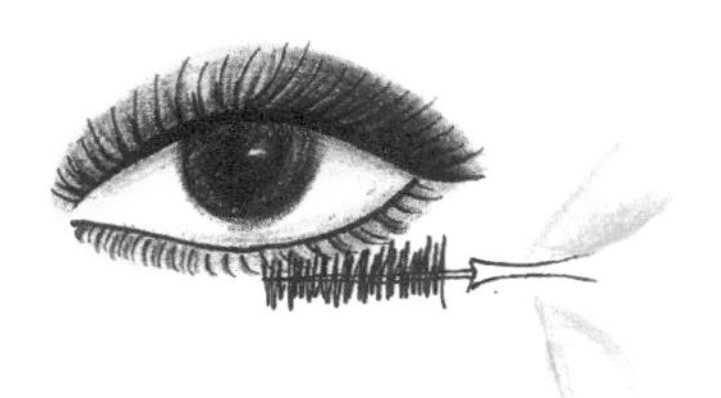

眼妆一定要清透，最好用两种以上珠光眼影来表现。色彩过渡要自然流畅，不能有明显界限。

近年来，颇流行将下眼线内眼角用白色珠光提亮，并与下眼线很好融合的方法，这样可以使眼睛更添神采。

4. 唇部化妆

· 用深亮的橙色均匀涂抹以后，再用唇彩涂抹一次。

5. 腮红化妆

· 先用橙色腮红涂抹，再用掺杂着白、金色珠光的腮红涂抹一次。

6. 修容

· 用深浅两用修容饼做全面部修容。

7. 整体效果

· 冷艳、热烈、奔放，偏重于晚宴效果，具有强烈的视觉冲击力。

欢快热烈的大红色又回到了时尚舞台，大红色俨然成为时尚女性热烈追求的目标，在这样略带野性的崇尚视觉艺术冲击力的潮流中，循规蹈矩反倒成了非主流。

图3–35　冷艳性感晚宴妆整体效果

模特　李卓璠 / 化妆师　九清

十六、PIGMENT时尚妆

图3-36　模特妆前妆后对比

模特　孙薇 / 化妆师　顾筱君

妆型分析

·PIGMENT时尚妆可用的彩妆用品种类较多。除常用的粉状颜料、天然色素类彩妆用品外，还有目前流行的水性颜料、喷枪等更加细腻高清的彩妆用品，追求更加饱满丰富、高清轻薄的时尚效果。给人留下既华丽又高贵的印象。

模特原型分析

·典型瓜子脸，两颧稍突出，面部骨骼轮廓明显。

·眉形细而色浅淡；眼睛稍大，略有外突；鼻梁稍高而小巧，鼻头较圆；下巴稍尖，上下唇稍厚。

·皮肤细腻，两颧部有少许痘印；眼部有细小皱纹和黑眼圈，唇线明显。

妆型要点

1.皮肤表现

·先涂上薄薄的粉底，再利用散粉刷打散粉，表现清淡的感觉；将亮色珠光抹在T字部位，加强艳丽的感觉。

2. 眉毛化妆

·将模特本人眉毛自然表现。

3. 眼部化妆

·从内眼角到眼球中央用青紫色晕染。

·上眼睑中央到眼尾用深粉色珠光晕染。

·下眼线内眼角到眼球中央用白色珠光晕染。

·外眼角部分用蓝色珠光晕染。

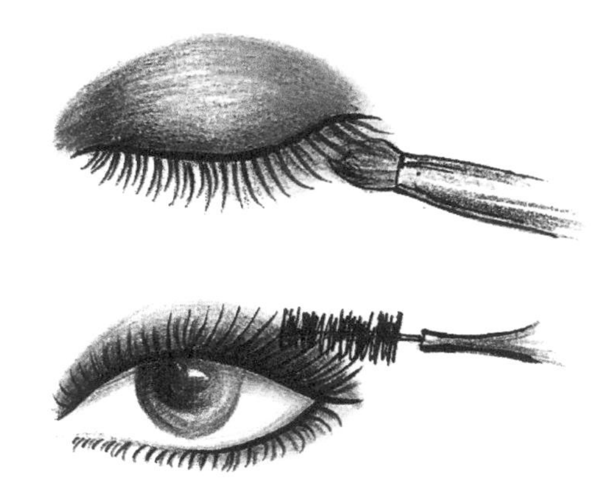

4. 唇部化妆

· 淡粉色口红＋唇彩。

5. 腮红化妆

· 用粉色腮红轻淡表现。

6. 修容整体效果

· 用深浅两用修容饼做全面部修容。

· 调整整体效果。

小提示：用于化妆的水性颜料优缺点。

（1）直接用水稀释调和即可使用；

图3-37 PIGMENT时尚妆整体效果

模特 孙薇 / 化妆师 顾筱君

（2）色泽鲜艳明快，柔顺度、延展性良好；

（3）用水即可卸妆，使用简便，对皮肤刺激较小。

（4）缺点是晕染时过渡比较生硬，不易晕染出渐次强硬或渐次减弱的过渡效果。常用于演示类或比赛类梦幻化妆。

十七、时尚猫眼妆

图3-38 模特妆前妆后对比

模特 袁静 / 化妆师 袁静

妆型分析

· 参加各种聚会活动时，总希望自己成为众人焦点，猫眼妆可以让你的眼睛放电。

模特原型分析

· 菱形脸型，两颧较高并向外扩展，面部骨骼轮廓明显。

· 眉色浅淡，眉形清晰；眼形大而漂亮，略有外突；鼻梁高而挺拔，鼻头较圆；下巴圆润，上唇较薄。

· 皮肤质感尚可，肤色稍黑，有少许色素沉着，额头有少许痘痘，眼部有细小皱纹，并有较重黑眼圈及眼袋。

妆型要点

1.皮肤表现

· 华丽而高贵的风格。

· 选用比自己正常肤色暗1～2个色号的粉底，细细压实，表现出透明的质感。

· 高光色与阴影色恰到好处地修饰面部轮廓。

2. 眉毛化妆

· 自然眉形。

3. 眼部化妆

· 基本色　用白色亚光色眼影粉表现出眼睛的清透亮丽。

· 中心色　用浅咖色或卡其色眼影粉细细晕染。

· 重点色　用深咖啡色或卡其色沿着上眼睑往上晕染。

· 提亮色　用白色亚光色眼影粉，再用卡其色、深咖色分别晕染。

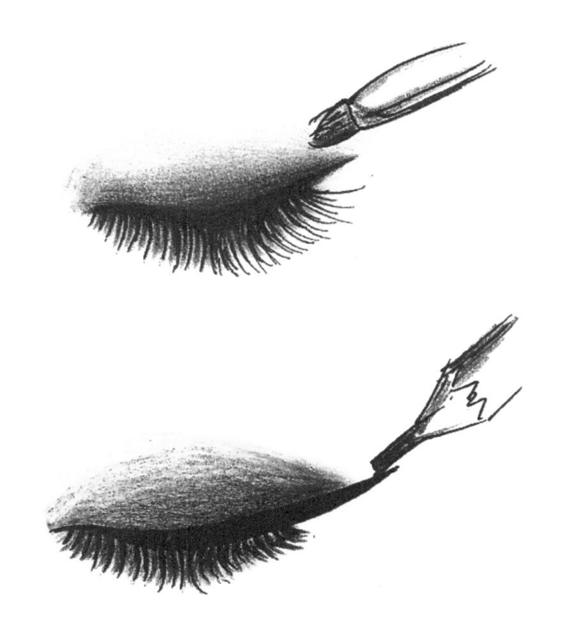

·上眼线　先用黑色眼线笔沿上睫毛内侧描绘出细致眼线；再用眼影刷蘸取适量黑色眼影膏，将外眼角平甩拉长；用黑色眼影膏从眼尾往前描绘，越近内眼角越细；仔细描绘出细致的上眼线；使眼部整体有由细变粗的线条感。

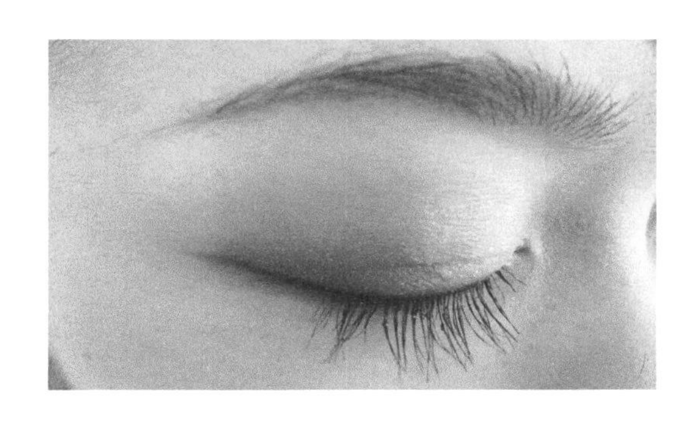

·下眼线　从眼尾往前，沿睫毛根处仔细描绘出1/4下眼线，仔细将上下眼线在外眼角处相连。再用小眼影刷蘸取银白色眼影，从内眼角描绘到外眼角，并稍稍刷到上眼角处，产生放大眼睛的效果。

·假睫毛　必要时粘上假睫毛，并用加浓加密睫毛膏仔细刷拭。

4. 唇部化妆

·涂上浅褐色唇膏后，用金色唇膏或唇冻在唇中间提亮，使双唇更加丰满、靓丽。

5.腮红化妆

·用浅咖啡色腮红均匀晕染，注意涂得浅一些。

6.修容及整体效果

· 用深浅两用修容饼做全面部修容，并做整体造型设计。[①]

一路走来，那些可以感动我们的事物，总是最先打动我们的心，并使我们产生强烈的共鸣，因此才会使我们拥有无限的创意灵感，激发我们创作出更多具有生命活力的作品。

图3-39 时尚猫眼妆整体效果

模特 袁静 / 化妆师 袁静

① 暮雪纷飞帘下透，垂纱小坐案前愁。窗前柳絮随风舞，庭外飞花卷翠楼。几分郁闷托词赋，一点香墨笔含羞。西墙不解闺中寂，欲锁幽思梦里留。

十八、CATS猫眼妆

图3-40　模特妆前妆后对比

模特　孙薇 / 化妆师　顾筱君

妆型分析

· Cats眼线俗称猫眼妆，特点是眼尾上翘，散发出高傲妩媚、性感自信、神秘、像猫一样可爱的多样化魅力，并且能给人都市感和干练的感觉，适合实力与美貌兼备的职业白领女性形象，在世界范围内广为流行，经久不衰。

模特原型分析

· 典型瓜子脸，两颧稍突出，面部骨骼轮廓明显。

· 眉形细而色浅淡；眼睛稍大，略有外突；鼻梁稍高而小巧，鼻头较圆；下巴稍尖，上下唇稍厚。

· 皮肤细腻，两颧部有少许痘印；眼部有细小皱纹和黑眼圈，唇线明显。

妆型要点

1. 皮肤表现

· 干净的皮肤表现。选择比本人肤色亮一号的粉底液，例如紫色＋透明色或粉色＋透明色。

· 提亮。脸部提亮部位用白色，额头用粉色。

· 用遮瑕膏将皮肤杂质、斑点、瑕疵遮盖后，用高光色与阴影色略修饰脸部轮廓，透明散粉定妆，去除油脂。

· 皮肤不太干净，应用粉霜遮盖。

2. 化妆方法（一）

（1）眼部化妆

· 眼影　使用自然的褐色系列或杏色系列；眼影形状可以采取倒钩画法，强调上眼睑第5区亮区。

· 眼线　画得粗一些，外眼角拉得长一些。

· 下眼线　外眼角至眼头1/3处渐细收紧，外眼角与上眼尾重叠。

· 睫毛　外眼角处粘上假睫毛，并用睫毛膏浓密地表现。

（2）　眉毛化妆

· 用褐色眼影粉或眉粉自然地表现出空间填充的感觉。

(3) 唇部化妆

· 用与主色调相同的唇线笔画唇线。

· 选择适合的唇膏从外向里晕染，充分涂抹。

· 尽量表现出唇的立体感，中央部位薄薄涂一层金色或桃红色唇彩（唇冻）。

(4) 腮红化妆

· 因为唇部表现较强，故腮红应淡淡涂抹。

(5) 修容

· 用深棕色修容饼做全面部修容。

3. **化妆方法（二）**

(1) 眼部化妆

· 基本色　淡粉色珠光（眼睛肿的人只使用白色），用黑色前后连接；后半部分用青紫色珠光。

· 眼中央　浅粉色珠光。

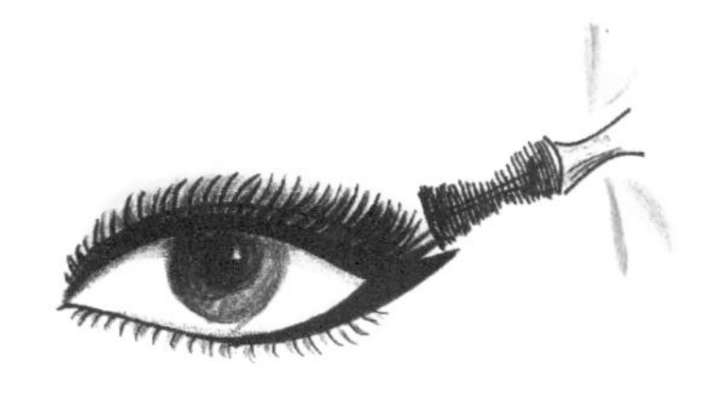

· 下眼线　眼睑内膜用黑色整体涂抹，下眼线用青紫色整体涂抹。

· 眉骨提亮　白色珠光。

(2) 眉毛化妆　细拱形眉，眉前1/3处用紫色。

(3) 唇部化妆

· 使用象牙色，中间涂抹银色珠光。

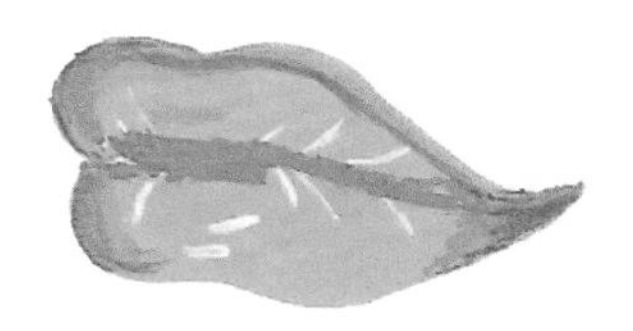

(4) 腮红化妆

· 用粉色涂得稍微深一些。

(5) 修容及整体效果

· 用深浅两用修容饼做全面部修容并做整体造型设计。①

① 谁忆当年曾虑，惘风情、腊梅独树。辉煌未逝，凭栏独步，愁时问赋。往事如风，情怀深锁，我本珠露。将闲情逸致，惜花醉酒，与书同渡！

精致的妆容传达一种简约的美感，棕色和浅紫色打造出如雕塑般的魅力。美丽也是一种拥有多重生命的复合体，妆容与气质的完美结合才是我们永恒的追求。

图3-41　Cats猫眼妆整体效果

模特　孙薇 / 化妆师　顾筱君

十九、娱乐节目主持人妆

图3-42　模特妆前妆后对比

模特 解寒 / 化妆师　解寒

妆型分析

· 适用于颁奖典礼或娱乐节目，要根据节目的不同性质来决定妆型。举行大规模的颁奖典礼时，主持人都会穿上华丽的服装，化妆相应地也要艳丽一些；电视台的娱乐节目主持人在不让观众厌烦的情况下也可以使用流行色化妆，如用珠光眼影和唇彩来表现华丽感。

模特原型分析

· 椭圆脸形，颧骨略高，面部骨骼轮廓明显。

· 眉形浅淡杂乱，眼形稍圆，鼻梁较塌，下巴圆润，上下唇比例尚可。

· 皮肤质感尚可，肤色欠佳，额头有少许痤疮。

妆型要点

1. 皮肤表现

· 正常肤色或深一号肤色。

2. 眉毛化妆

· 自然眉形。

3. 眼部化妆

· 基本色　整个眼睑涂抹白色珠光眼影。

· 中心色　紫色、天蓝色等微带有珠光的眼影。

· 重点色　用中心色再强调一遍。

· 提亮色　白色珠光。

· 下眼线　内眼角白色，外眼角紫色。

节目录制过程中常会对娱乐节目主持人进行近距离镜头拍摄，所以不论远距离拍摄还是近距离拍摄，都要考虑周全，无论从哪个角度看，妆面都要干净细致，带妆时间要持久。

4. 唇部化妆

· 肉色唇膏＋唇彩。

5.腮红化妆

·用橙色或砖红色腮红轻轻晕染。

图3-43　娱乐节目主持人妆整体效果（1）
模特　孙薇／化妆师　顾筱君

6.修容及整体效果

·用深浅两用修容饼做全面部修容，并做整体造型设计。①

娱乐节目主持人是贯穿娱乐节目的核心人物，因此必须考虑节目内容的要求，定位要准确，造型应大方得体，体现从容亲切的风度，妆型不宜过于夸张。

图3-44　娱乐节目主持人妆整体效果（2）
模特　解寒／化妆师　顾筱君

① 我本冰清意奋扬，思潮如絮向文章。兰幽趣雅痴痴恋，梅馥枝横淡淡霜。几度乘风听箫鼓，数番逐浪舞霓裳。狂歌揽月忘情处，成败何须笑妾妆。

二十、新闻纪实节目主持人妆

图3-45 模特妆前妆后对比

模特 马明友 / 化妆师 马明友

妆型分析

新闻、纪实节目主持人应具有以下基本素质：精致，讲究效率；知性，有文化底蕴；平和，有不俗的气质；清秀，优雅从容；不张扬，不卑不亢；有礼有节的自控能力；有亲和力，也要有自制力。换句话说，应当是端庄优雅与理性的完美结合。

· 发型：简单、利落、精致。

· 妆面：清淡端庄、优雅明快、自然不俗。

· 服装：款式简洁、线条流畅、有节奏的硬性线条的套装或裙装为宜；色彩最好用具有亲和力的同色系或邻近色系搭配。

模特原型分析

· 甲字脸型，五官轮廓不明显。

· 眉形浅淡杂乱，眼形细长，鼻头稍圆，下巴圆，唇形厚实。

· 皮肤黝黑，肤色欠佳，额头与双颊有少许痤疮。

妆型要点

· 模特在灯光下看轮廓较平面，所以要修整轮廓，体现立体感；色彩和线条要自然表现，体现智慧、稳重、亲切的风格。

· 在亮的背景下，使用稍微亮一些的服装颜色。

· 在暗的背景下，使用稍微暗一些的服装颜色。

1. 皮肤表现

· 把脸部偏红部位遮盖住。

· 明显提亮眉骨、鼻梁、下颚，用白色散粉或白色眼影来提亮。

2. 眉毛化妆

· 自然的标准眉，褐色。

3. 眼部化妆

· 基本色 象牙色。

· 中心色 粉色+浅褐色。

· 重点色 深栗色或褐色。

· 上眼线 黑色。

· 下眼线 浅粉色+浅褐色或深栗色，涂抹在眼尾1/3处。

· 鼻影　浅褐色。

· 睫毛　黑色睫毛膏。

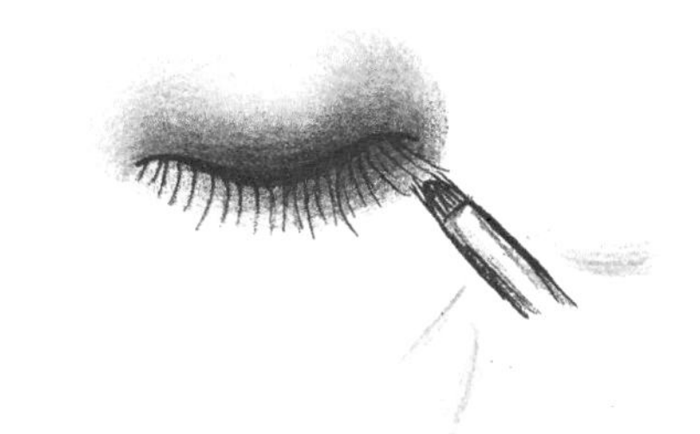

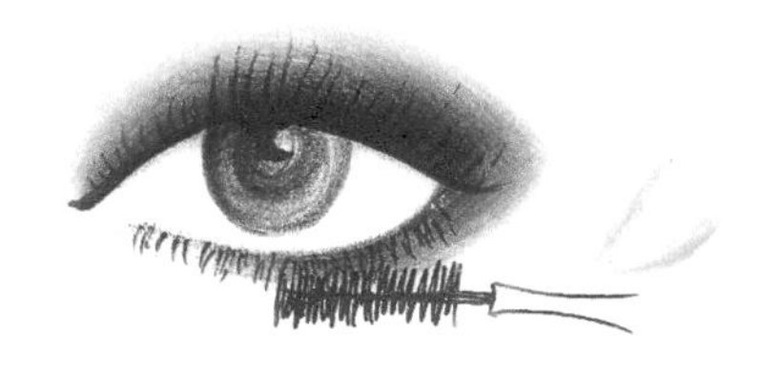

4.腮红化妆

· 褐色或浅褐色。

5.唇部化妆

· 用褐色+粉色唇线笔画出唇线后，用同色系唇膏涂抹。

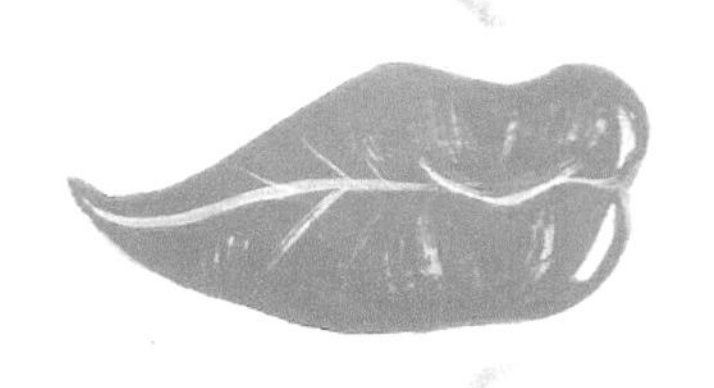

6.修容及整体效果

· 用深浅两用修容饼做全面部修容，并做整体造型设计。[①]

图3-46　新闻纪实节目主持人妆整体效果

模特　马明友 / 化妆师　马明友

一身黑色的正装，散发出难得的清新之气；成熟的魅力，提升男性的亲切与优雅感，成为自信与深邃的象征。这正是新闻节目主持人必要的气质。

① 纤弱女儿须壮志，风流君子一肩书。吟诗已是秋霜冷，赋词依然涉世初。

二十一、广告演员妆（男）

图3-47 模特妆前妆后对比

模特 杨欧凯 / 化妆师 杨欧凯

妆型分析

· 男士形象的塑造，不是全身名牌或懂得时尚就可以了，还要能正确运用时尚，把握好气质个性，更好地展现自我风采。

· 根据人的五官长相、身材比例、肤色及年龄和性格特征，将男士形象大致分为四类：自在随意型、奔放型、庄重稳健型、儒雅传统型。

· 根据广告类型决定妆型。

模特原型分析（略）

妆型要点

1. 皮肤表现

· 为了使广告效果更好一些，把男性的刚毅线条美感表现得更突出，使用比本人皮肤暗一个色号的粉底后，利用高光色和阴影色修正轮廓。

· 特别是鼻子要表现得立体，然后使用米色系透明散粉或男用散粉定妆（散粉量要少）。

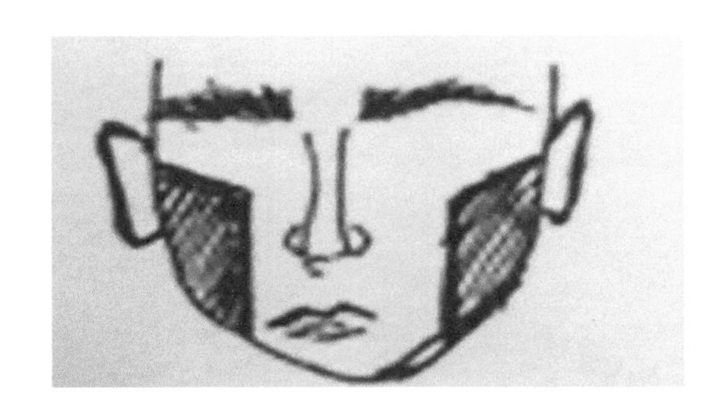

2. 眉毛化妆

深褐色＋灰色，比标准眉略粗些。

3. 眼部化妆

· 基本色　象牙色＋黄褐色。

· 中心色　上眼睑用浅褐色，眼尾处用灰色。

· 上眼线　褐色或黑色，眼线笔贴着睫毛根部细细晕染。

· 下眼线　省略，或贴着下睫毛根部细细晕染整个下眼线。

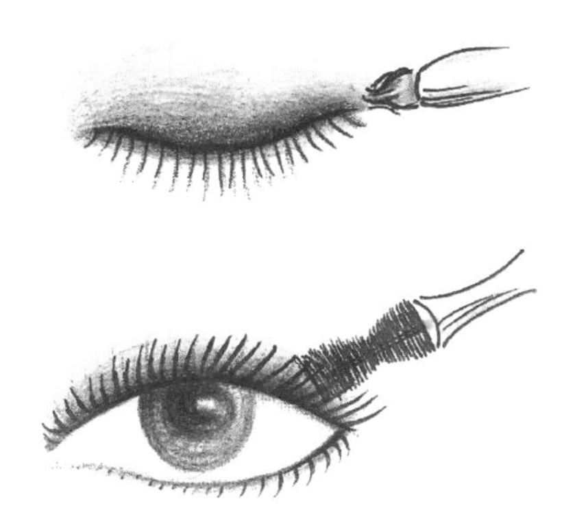

4. **腮红化妆**

· 褐色腮红。

5. **唇部化妆**

· 用褐色唇线笔勾画轮廓，然后往里晕染，再用褐色和浅米色+唇彩整个涂抹。

6. **修容及整体效果**

· 用深浅双色修容饼进行全面部修容，并做整体造型设计。①

我们每个人都是大自然中的一粒尘土，我们感受着生命中的每一次快乐与感动。只要坚持，只要努力，充满自信，我们就一定会实现自己的梦想。

图3-48　广告演员妆（男）整体效果

模特　杨欧凯 / 化妆师　杨欧凯

① 看男儿壮志，无愧前贤。四海遨骖，丹心荐轩辕！付平生意气，仰天长唤：烟波江畔，奋勇铸新篇。

二十二、白领休闲妆

图3-49　模特妆前妆后对比

模特　孙薇 / 化妆师　顾筱君

妆型分析

根据广告类型决定妆型（略）。

模特原型分析（略）

妆型要点

1. 整体印象

· 轮廓明显，整体干净鲜明，不要因太强调颜色而失去温柔亲切的感觉。

2. 皮肤表现

· 选用比模特本人的皮肤深一色号的粉底，可以使用遮盖力强的粉霜；注意矫正轮廓。

· 注意使用足量透明散粉定妆。T字部位和腮红用珠光散粉涂抹，表现湿润光泽的感觉。

3. 眉毛化妆

· 用灰色+褐色画出标准眉形。

4. 眼部化妆

· 基本色　象牙色。

· 中间色　至双眼皮位置为止，用橙色晕染，再用粉色珠光或浅蓝色珠光涂抹在上眼睑部位。

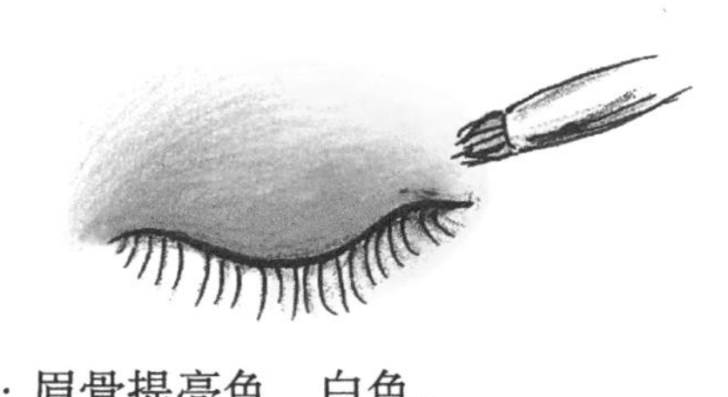

· 眉骨提亮色　白色。

· 下眼线　先用红褐色（或浅蓝色）珠光粉涂抹整体，再用褐色眼线笔把内膜和下眼线根部整体画一遍。

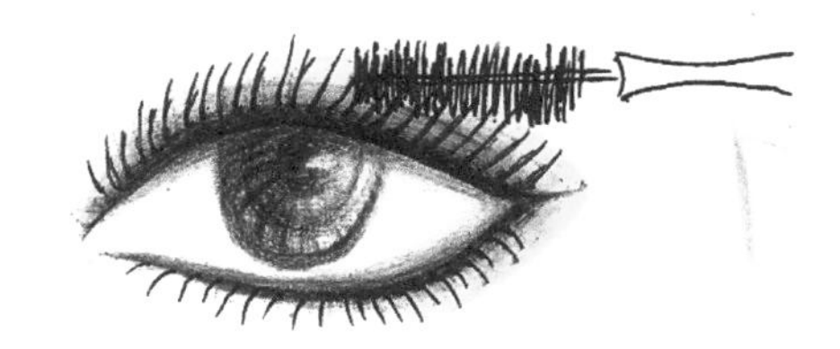

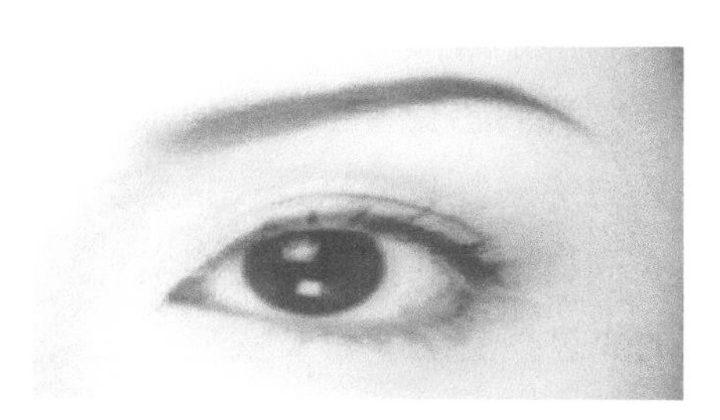

5.腮红化妆

·用橙、粉色系腮红涂抹。

6.唇部化妆

·为了防止唇膏扩散，先用橙色＋粉色唇膏，再用粉橙色唇线笔轻轻勾画出唇线，最后涂上橙色或粉色唇彩。

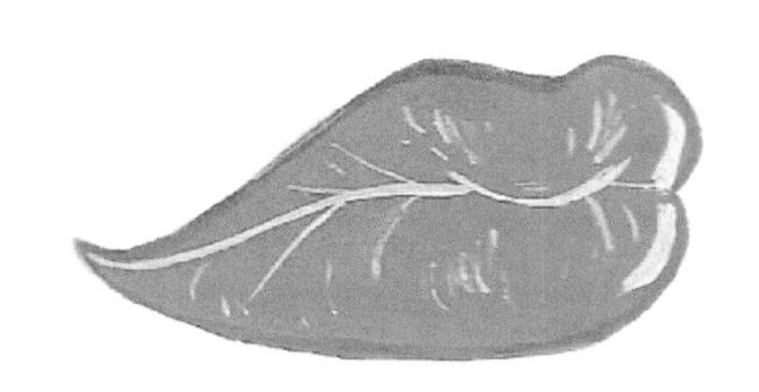

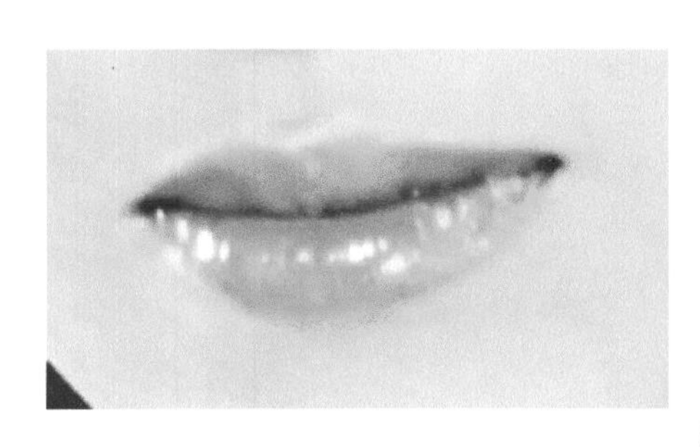

图3–50　高薪白领休闲妆整体效果

模特　孙薇 / 化妆师　顾筱君

7.修容及整体效果

·用双色修容饼做全面部整体修容，并做整体造型设计。①

浅蓝色眼影渐变过渡，还有点点珠光隐约其间，宛如月光下波光粼粼的湖面，似实还虚，更能体现人物的“一人千面”，留下感动的瞬间。

① 难解红尘牵绊，婉转漫歌轻舞，怎许恋旧盟？莫品悲秋赋，诗酒和云腾！

二十三、传统桃花妆

图3-51　模特妆后图

模特　邬婧婧 / 化妆师　杨文静

妆型分析

· 东方传统四美：

中国——旗袍；韩国——韩服；

日本——和服；印度——纱丽。

· 桃花妆在传承中国京剧旦角、青衣妆容的基础上，进行了大胆创新，显示了魅力十足的中国传统戏曲特色。

模特原型分析

· 脸型椭圆，两颧较平，面部骨骼轮廓不太明显。

· 眉形清晰；眼形稍大，双眼睑略小；鼻梁稍低，鼻头坚挺；下巴圆润；上下唇比例适中。

· 皮肤细腻，质感较好，眼部有细小皱纹和黑眼圈。

妆型要点

1. 皮肤表现

· 用比本人皮肤亮两个色号的粉底霜或白色戏剧油彩，表现白皙的戏曲人物感觉。

2.眉毛化妆

斜线形。

3.眼部化妆

· 基本色　黄色系或象牙色系，范围自内眼角至太阳穴。

· 中心色　斜线表现。前：红色系；后：黄色系。用黄色、橙色、红色晕染。

· 重点色　橙色。

· 下眼线　红色，前内眼角和后眼尾都拉长，并与下眼线相连接。

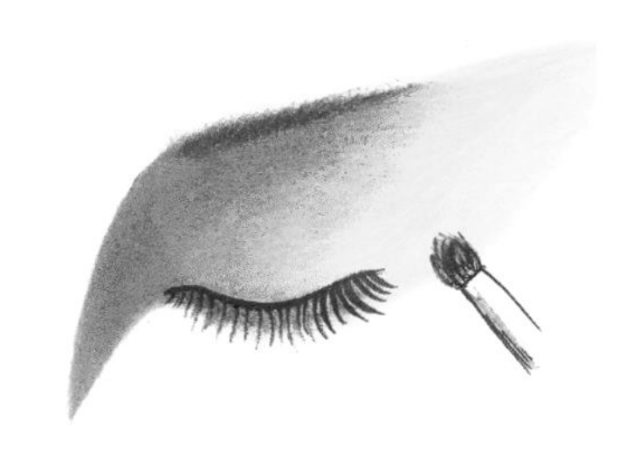

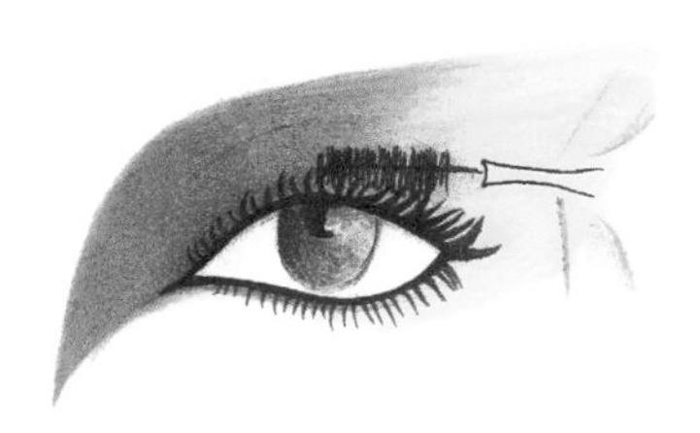

4. 唇部化妆

中央大红色，并加唇彩；两侧略浅，显示出立体感。

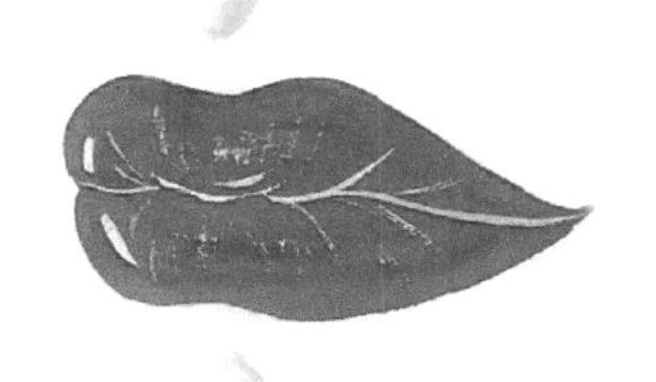

富，只有仔细找寻、整合和重构它们，才可能得到其中的真谛。恰如黄河之水东流去，最肥沃的物质往往深藏在淤积层中——我们需要找到这样的层次并下功夫挖掘它，才能达到传承创新的目的。

5. 腮红化妆

· 橙色系，颧骨、额头也要涂抹。

6. 修容

· 用双色修容饼做全面部整体修容。

7. 整体效果

· 以旗袍或复古妆容感觉为主。[①]

图3–52　传统桃花妆整体效果（1）
模特　陈欢 / 化妆师　顾筱君

艺术是我们的信仰，坚持自有未来。著书的准备阶段，当堆积如山的文化遗产出现在笔者面前时，笔者曾异常欢喜，但随着研究、分析的深入，笔者逐渐清醒起来。遗产并不能算作我们的财

图3–53　传统桃花妆整体效果（2）
模特　邬婧婧 / 化妆师　杨文静

① 花露江南春几度，雨声滴碎青阶。碧杉桃柳倚云栽。落霞孤鹜远，入画双燕来。千载兴亡凭竞逐，纶巾弄笔持才。长歌纵志踏琴台。平生无悔处，唯有赋词怀。

二十四、白领朋克妆

图3-54 模特妆前妆后对比

模特 孙薇 / 化妆师 顾筱君

妆型分析

· 20世纪70年代的朋克风潮又再度回归主流阵线。然而不同的是，尽管朋克妆容依然是此季彩妆的重要一环，但在整体的呈现上，野性、强悍的气势，硬朗、中性，甚至诡异的手法却渐渐趋于内敛、细腻，尤其是在眼妆的部分表现得最为明显。目前多用于晚宴或广告时尚表演中。

· 迷蒙似雾的烟熏妆，是缔造低调朋克风的关键，其细节的重点在于眼线与眼影、睫毛之间的巧妙融合，在于色彩之间的界限、位置要清晰，浓墨和淡彩之间的过渡要柔和自然。

模特原型分析

· 典型瓜子脸，两颧稍突出，面部骨骼轮廓明显。

· 眉形细而色浅淡；眼睛稍大，略有外突；鼻梁稍高而小巧，鼻头较圆；下巴稍尖，上下唇稍厚。

· 皮肤细腻，两颧部有少许痘印；眼部有细小皱纹和黑眼圈，唇线明显。

妆型要点

1. 皮肤表现

· 比本人肤色亮一个色号；提亮色、阴影色表现明显。

2.眉毛化妆

按照模特眉毛表现，可以适当增加眉峰。

3.眼部化妆

· 基本色　象牙色，金色珠光+浅绿色。

· 内眼角及中央　金色珠光+浅绿色。

· 重点色　黑色（眼窝部分）。

· 眼中央　第5区用金色珠光。

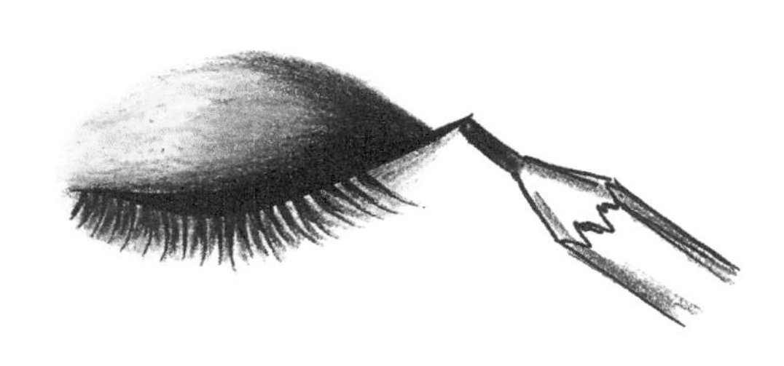

· 眼线　上眼线稍宽，眼尾部稍拉长。

· 下眼线　前面用金色珠光，眼尾用黑色。

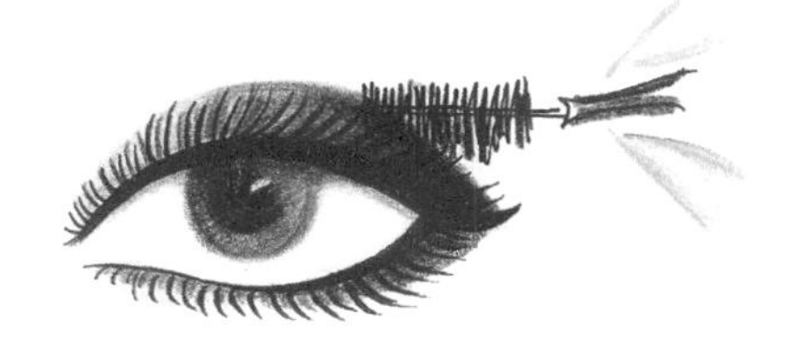

· 提亮色 白色（眉骨）。

· 鼻影 褐色及深褐色。

4.唇部化妆

· 酷感理智，带些唇峰。用红褐色＋黑色。

5.腮红化妆

· 深褐色＋黑色，适当加一些金色珠光。

6.修容及整体效果

· 用双色修容饼做全面部整体修容，并做整体造型设计。①

这是一种另类的朋克眼影，又名埃及艳后妆眼影。

“浮生坎坷迷离雾，岂任朱颜素。”通过一种另类的时尚意境，呈现出极致简约的裸妆，我们可以清晰地看到那份美丽背后的力量，那种恬静与坚强。这就是流行的最酷朋克妆容技巧，也是朋克所追求的硬朗而没落的风格。

图3-55 白领朋克妆整体效果

模特 孙薇 / 化妆师 顾筱君

① 芙蓉国里水涵天，任尔一肩冰雪淡云烟。骨中香彻觅红残，共谁天涯归去，莫言寒。

二十五、妩媚小烟熏

图3-56　模特妆前妆后对比
模特　谢陆 / 化妆师　尤清

妆型分析

·烟熏妆突破了眼线和眼影泾渭分明的老规矩，是在自睫毛根到眉骨之间的眼窝部分由深到浅地涂抹，漫成一片的新画法。因为看不到色彩间相接的痕迹，如同烟雾弥漫，而且多以黑灰色为主色调，看起来像炭火熏烤过的痕迹，所以被形象地称作烟熏妆。

·在夸张的大烟熏妆基础上发展出来的“小烟熏妆”，更多地考虑到了普通人的需要，采用贴近肌肤本色的浅色眼影，塑造一种妩媚而不过分张扬的风格。

模特原型分析

·模特瓜子脸型，两颧较平，面部骨骼轮廓不太明显。

·眉形浅淡，稍散漫；眼形大而圆，上眼睑稍薄；鼻梁稍挺，鼻头适中；下巴略尖，上唇较薄。

·皮肤质感细腻，肤色稍黑，有部分痤疮及色素沉着，眼部有细小皱纹和眼袋，唇部有细小绒毛。

妆型要点

1.妆型印象

·使用同色系的三种眼影颜色，表现凹陷的眼部形态。

2.皮肤表现

·以不带红色的基本色干净地表现。因为唇部用肉色表现，因此皮肤不干净会显得很乱。

3.眉毛化妆

·自然地表现出本人的眉形。

4.眼部化妆

·基本色　银色或白色。
·中心色　灰黑色。
·重点色　黑色。
·提亮色　白色。

整个眼妆完成后，可以用较绚丽的大颗粒闪粉，以中指按压上去，增添绚丽效果，这也可以成为一款很棒的晚会派对妆容。

· 下眼线　灰色＋黑色，涂抹于整个下眼线。

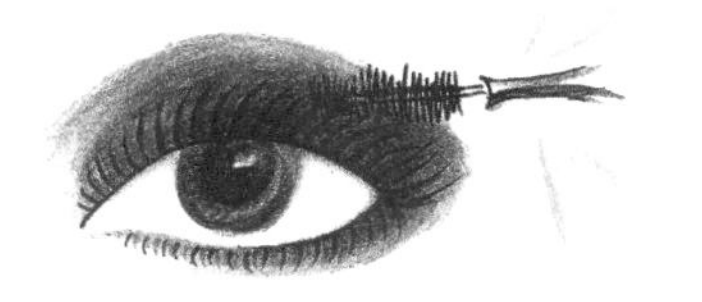

5.腮红化妆

· 用粉褐色在颧骨上打得稍微深一些。

6.唇部化妆

· 裸唇或肉红色唇色。

小贴士

教大家一个画简单裸唇的方法：先用稍稍艳丽的桃红色涂满唇部，再用正常粉底压实，然后涂上肉色唇冻，效果会像真实唇色一样。

银色秀发、烟熏般的眼影、如玉的肌肤、柔润的轮廓，这种迷人的时尚达人妆容就是小烟熏妆。这是一个令人迷醉的妆容，流行伊始，就让无数爱美的明星倾倒。[①]

欧洲的烟熏妆与上述手法不同，在时尚之都巴黎，人们习惯直接用中指蘸上黑色眼影膏打底（仅限眼窝部分，即眼部1、2、3、4、5、6、7区），然后用橄榄绿色眼影定妆，用米色珠光提亮眉骨（眼部8、9区），这种欧式烟熏妆的画法既快速又简易，不妨一试。

图3-57　妩媚小烟熏整体效果

模特　谢　陆 / 化妆师　尤　清

① 昨夜清风过户前，无奈敲梦懒成眠。低歌碎玉阑珊曲，漫舞纤云西子阑。寻凤阕，散愁烟，诗词新赋鹧鸪天。清风明月谁人懂，逸志闲情也缠绵？

二十六、少儿节目娃娃妆

图3-58　模特妆前妆后对比

模特　赵雪云 / 化妆师　商丛丛

妆型分析

· 娃娃妆就是用来表现可爱的娃娃形象。娃娃妆的化妆秘法是突出明亮、美丽的大眼睛，以紧贴眼线的“重描上眼线”法突出眼眸的魅力，下眼线则淡淡地一笔带过。

· 睫毛是娃娃妆的重点，可以用加浓加长的睫毛膏，尤其是自然的黑色防水睫毛膏，打造出可爱的芭比娃娃形象。

模特原型分析

· 模特脸形椭圆，两颧较平，面部骨骼轮廓不太明显。

· 眉色浅淡；眼形稍小，上眼睑略肥厚；鼻梁稍塌，鼻头稍圆；下巴稍尖，上唇较薄。

· 肤质细腻，有少许色素沉着，眼部有细小皱纹和黑眼圈，唇部有少许细小绒毛。

妆型要点

1.皮肤表现

· 表现得比皮肤亮一个色号；提亮色和阴影色均省略；用珠光散粉定妆。

2.眉毛化妆

· 褐色，像月牙的形状，或可用拱形眉。

3.眼部化妆

眼睛画得圆一些、大一些。

· 基本色　浅天蓝色，画圆一些，或用白色、深蓝色，可在双眼皮上面再涂一层亮蓝色或浅天蓝色，眼部中央色彩必须突出。

· 眼线　中央部分粗圆一些，不要把眼尾拉长，突出圆的感觉。

· 睫毛　彩色假睫毛（双层），剪去两边，主要贴在眼睑中部。

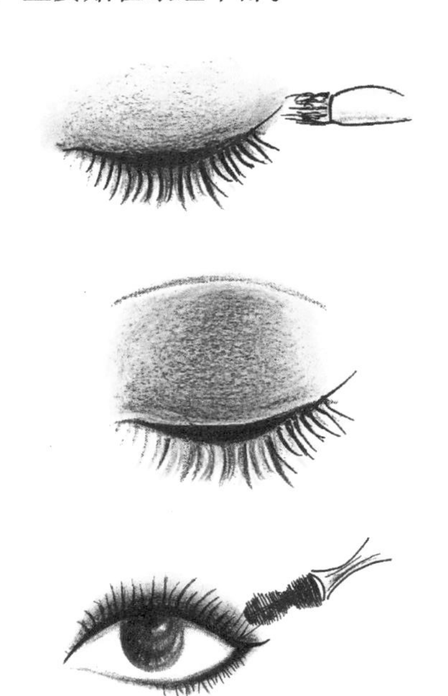

·下眼线　用眼线笔画完眼尾1/3后，再用深蓝色涂满整个下眼线。

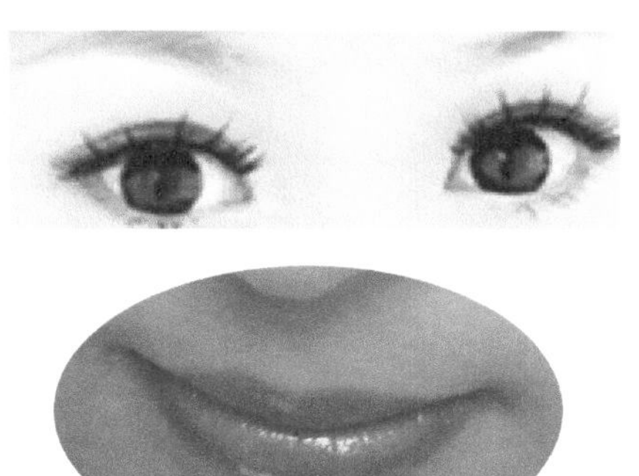

4.唇部化妆

·浅粉色唇线（亦可不画唇线，表现自然感觉），用粉色珠光提亮唇中部。

5.腮红化妆

·用粉色在腮中央画得圆一些，中间用笔画出雀斑似的小点。

图3-59　少儿节目娃娃妆整体效果（1）

模特　陈欢／化妆师　顾筱君

图3-60　少儿节目娃娃妆整体效果（2）

模特　陈欢／化妆师　顾筱君

二十七、芭比娃娃妆

化妆手法同娃娃妆，只是眼睛刻画得更大更圆，如同芭比娃娃般美丽可爱。芭比妆容的重点就在于又大又圆的眼部和翻翘的假睫毛，以及脸颊与唇部的修饰。

又圆又大的眼睛，是芭比娃娃妆的亮点，焕发出清透湛蓝的纯洁色彩，点亮孩童时的梦想。①

图3-61 芭比娃娃妆整体效果

模特 周露 / 化妆师 周露

① 忽然一梦到天涯，姹紫嫣红处处花。驾雾腾云飞若絮，追星揽月美如霞。夕阳绚丽宛若画，秋露晶莹濡彩纱。恍似稚童年尚小，忘情山水不归家。

二十八、果冻妆（沙冰妆）

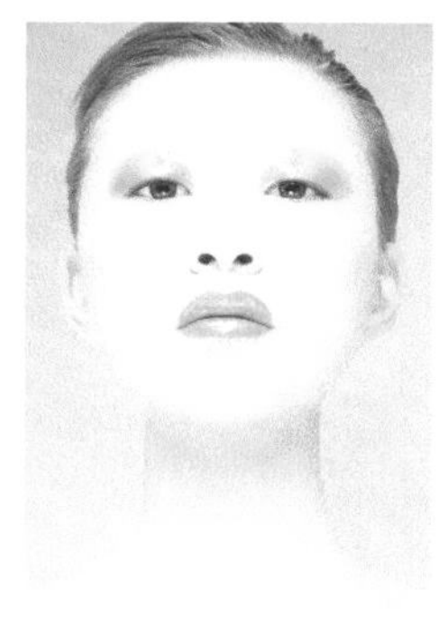

图3-62　模特妆前妆后对比

模特　周依林　/　化妆师　尤清

妆型分析

·果冻妆又称为沙冰妆，起源于2000年初。作为一种经典妆型，广泛应用于影视作品、艺术写真以及普通生活中，特别适合夏季。

·炎炎烈日下，果冻妆让整个脸庞亮晶晶、水汪汪，每个角度都会有不同的光泽，如同果冻一般，充满弹性，莹润细腻，粉嫩中透出水果味道，一阵清凉发自心田。

模特原型分析（略）

妆型要点

1.皮肤表现

·粉底清清淡淡，几乎感觉不到的薄透自然的清透效果是其重点。

2.眼部化妆

·眼影至少要有两种以上水果色系的颜色，显得妩媚俏皮，可以更好地呈现出可爱效果。眼影自睫毛位置往上，由深渐浅地涂抹在双侧眼窝及眼部皱褶位置。

·上下眼影可画同色系，产生呼应效果，例如红色+黄色、绿色+黄色、蓝色+粉色等。

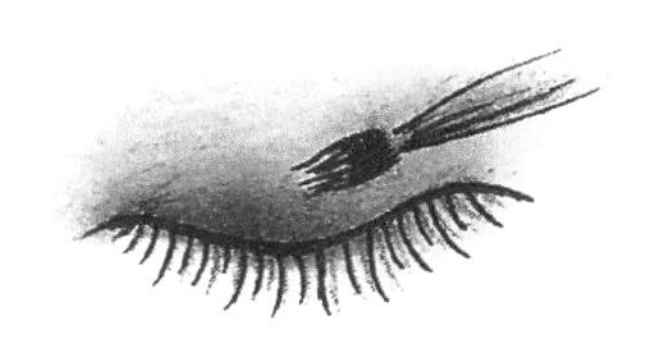

·下眼影的宽度可随自己的喜好决定，可以适当加上一些闪亮的珠光眼影粉或粘贴水钻，显得更加时尚、俏皮。

·眼影画好后可用彩色或单色唇冻覆盖一层，使眼影呈现晶莹润泽的果冻色彩。

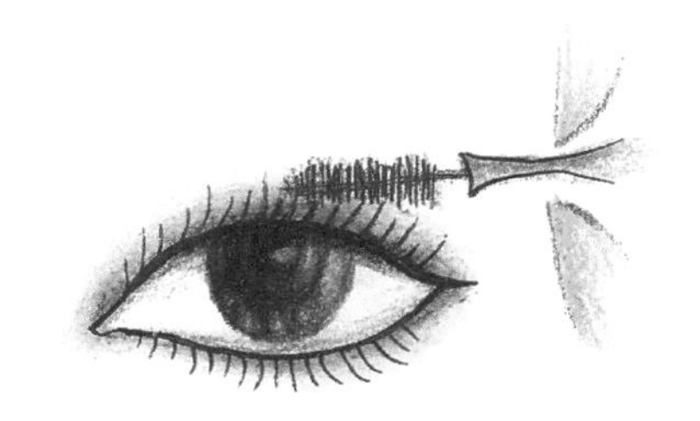

3.唇部化妆

·莹润的双唇是果冻妆的重点所在，可选用透明、盈亮、粉嫩的自然粉色系莹润唇膏、唇彩，靠唇彩表现出半透明、晶莹润泽的水晶视觉效果。

4.腮红化妆

· 腮红强调自然透明的柔美效果，轻盈梦幻，呈现出美丽柔和的可爱效果。透明晶莹的粉底质感加上柔美的腮红，呈现出一种可爱的皮肤质感。

5.整体效果

· 整体形象可配上透亮指甲油和透明唇彩。

图3-63　沙冰妆整体效果

模特　周依林 / 化妆师　尤清

从此款妆容上可以嗅到春天浪漫柔和的气息，感受到清纯、浪漫的诗意。薄透自然、若有似无的粉底是果冻妆的重点。[①]

在与化妆界传统和时尚对话时，全盘否定或全盘肯定，都会妨碍我们对当今时尚化妆进行准确判断。把握好研究问题的思维方法，以一种新的认知方式回溯历史、分析现状、展望未来，可使这些造型更显高度和深度。

① 晴宵醉寝梦无涯，赤橙黄绿竞戏花。牡丹月季堪永驻，海棠雏菊篱为家。霓虹伴舞风拂羽，倩影逐波月放华。不羡人间行乐处，劝君效我恋彩霞。

二十九、韩式糖果妆

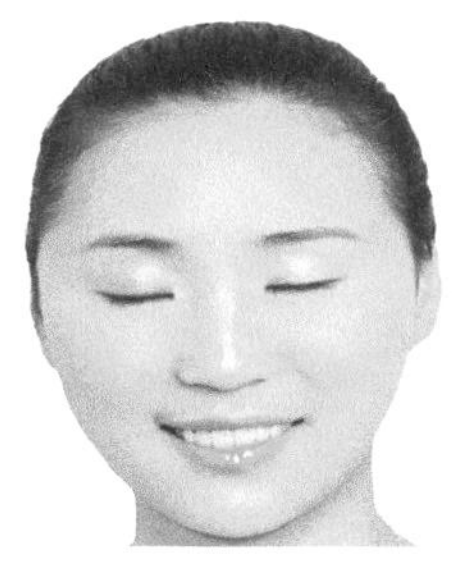

图3-64　模特妆前妆后对比

模特　陈欢 / 化妆师　顾筱君

妆型分析

· 糖果妆，广泛的定义就是甜美可人的妆容，每个女生都追求像糖果一样可爱、甜美，深邃妩媚的眼妆、加粗的黑眼线、俏丽立体的腮红、性感的双唇……这是一款让女生像糖果般甜润的妆型。自然透明的肌肤质感，配合浅粉色或橙色的腮红，显得健康靓丽而又小女生味十足。大眼睛圆而有神是此款妆型的特点，适合聚会、交友、娱乐综艺等各种场合；单眼皮、双眼皮均适用。

模特原型分析

· 模特椭圆脸型，两颧稍平，面部骨骼轮廓不明显。

· 眉形浅淡杂乱；眼形细长，上眼睑稍凹陷；鼻梁较塌，鼻头较圆；下巴圆润，上唇较薄，下唇稍厚。

· 皮肤质感尚可，肤色欠佳，额头有少量痤疮。

妆型要点

1.皮肤表现

· 用粉底刷以浅肉色粉底液打造出细腻的皮肤质感；用遮瑕膏遮盖痘印瑕疵；用高光色与阴影色修饰脸部轮廓，用白色珠光粉底霜强调眼窝，用透明珠光散粉定妆。

2.眉毛化妆

· 先修眉　以一字形自然眉型为宜。

· 再画眉　用定型笔画出自然眉形；再用棕色眉笔染色，色浅淡；最后用褐色眉粉修饰眉色，呈现更加自然的效果。

3.眼部化妆

· 基本色　亚光或珠光白色＋淡黄色，斜向外涂于整个上眼睑。

· 中心色　分别用浅黄、浅蓝、粉红色均匀涂满中间色区域（涂抹区域见下图），凸显眼睛的神采。

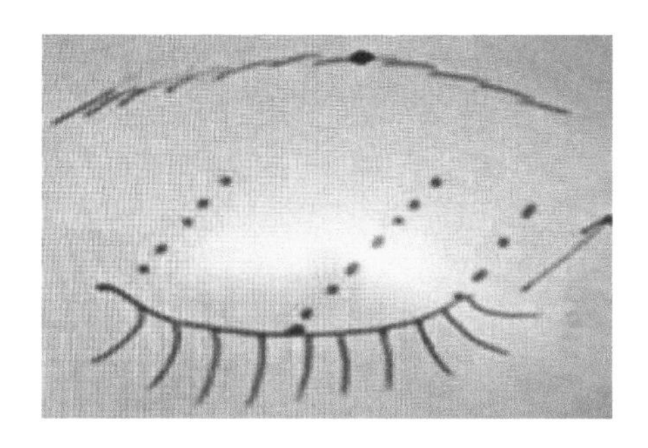

· 色彩分布顺序自然掌握，下眼睑眼影顺序相反，呈现灵动的效果。

· 眉骨提亮色　亚光或珠光白色。

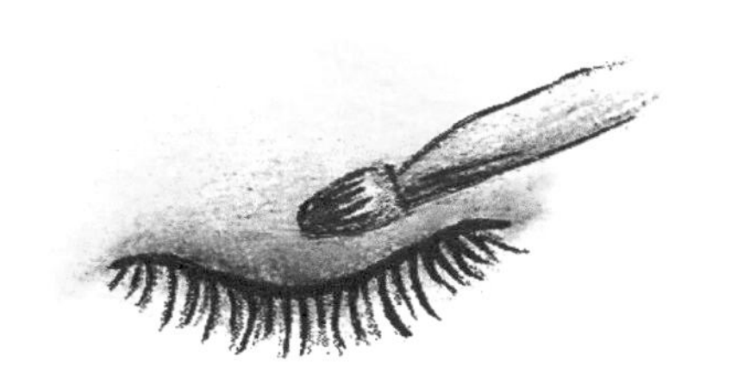

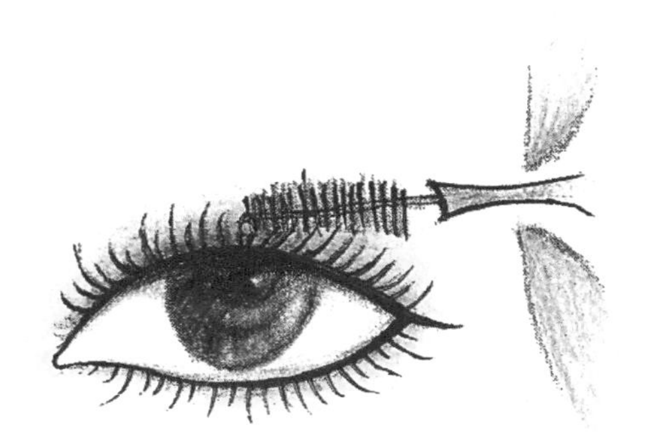

· 上眼线　先用黑色眼线笔将上眼睑内膜涂黑，然后从眼睑中部起笔，逐步向前延伸，用前部稍细、中部稍粗的黑眼线勾勒出圆圆的杏眼，眼尾不要甩出去，可以显得年轻，更添眼部神采。

· 下眼线　用黑色眼线笔将外眼角水平稍拉长，使眼睛更加大而有神。

· 贴上假睫毛，先用睫毛夹将睫毛夹卷翘，并用黑色睫毛膏涂抹均匀；再将上眼线用黑色眼影粉重新强调一遍。

4.腮红化妆

· 淡粉色或橘色的腮红，不只是让脸部肤色粉嫩起来，更重要的是增加面部立体感。

5.唇部化妆

· 莹润的粉色唇彩，更增添了性感魅力。

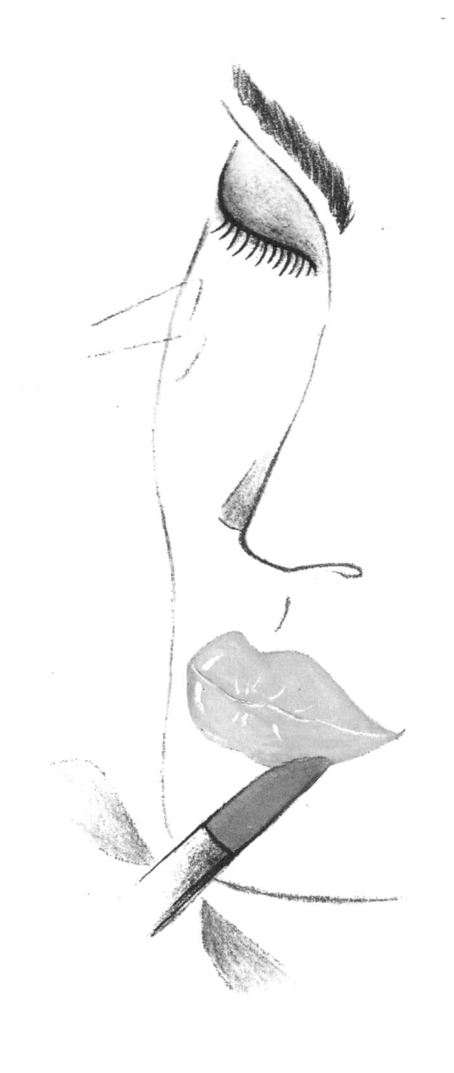

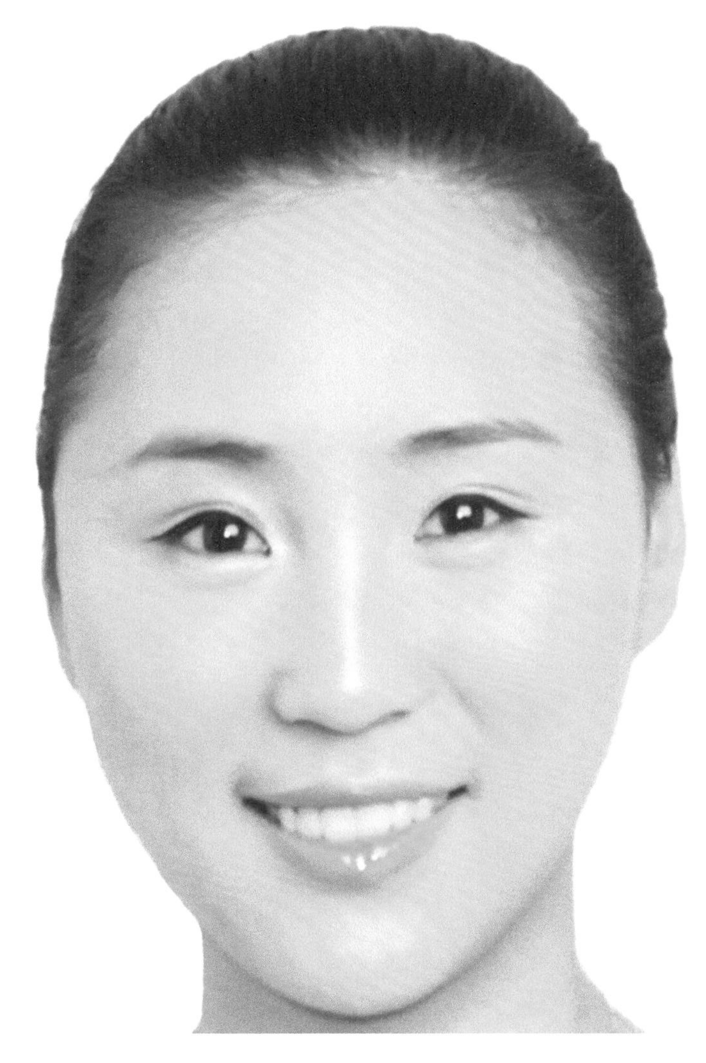

图3-65 韩式糖果妆整体效果

模特 陈欢 / 化妆师 顾筱君

美国知名化妆师文森特·J-R.基欧对于流行化妆有一段精辟的论述，他说："流行化妆更多的是一种化妆品展示而不是人物化妆造型的一种尝试。因此，用量和位置、突出或创新、颜色的深度或光泽以及其他引人注目的方式都可以在面部或人体的其他部位形成不同凡响的化妆展示，从而构成流行化妆。要准确地描述这种化妆类型的眼睛、唇部、面颊等是不可能的，因为流行化妆的潮流和风格变化太快。"

是的，眼影色的运用总是一个时髦的话题，而这方寸之地的改变往往意味着很多。不管最终使用何种颜色，人们总是希望他人将注意力转移到着色部位。因此，各种色彩的运用决定着妆容的风格，就如同凡是糖果一般可爱甜美的风格，都可归属为糖果妆一般。

三十、冻冰妆

妆型分析

·“山幽雾锁千般艳，雪冻冰凌一树梅。”冻冰妆以其独有魅力，在千姿百态的火热夏季妆容世界里赢得了一席之地。

·白色粉底、白色妆面塑造出一个纯情的白色世界。

·冻冰妆容常在比赛、演示、展示场合使用，可展现其独特的纯情魅力。

·近两年化妆市场流行一种喷枪化妆技法，又称为空气喷雾彩妆。将喷枪化妆用在冻冰妆中，可产生模糊、朦胧的效果，使皮肤感觉更加细腻、均匀一致，使整个妆面更加神奇、靓丽。

模特原型分析（略）

妆容要点

1. 皮肤表现

·用白色粉底、白色妆面塑造一个白色世界。上好隔离霜后，用白色戏剧油彩或彩妆中的白色粉底霜（或提亮色粉底霜）做基础妆面，塑造一种洁白的冰雪世界的感觉。

·妆面撒上银色亮粉，可极好地表现晶莹剔透的效果。

2. 眼部化妆

·若模特是单眼皮，不必粘贴美目贴，单眼皮可以更好地表现冻冰效果。

·粘贴好假睫毛及需要的饰品。

·眉毛可略去不画，或者用稍厚些的粉底霜遮盖。

·整个头部，包括头发，需要用白色喷发胶喷白；若有喷枪喷白，效果会更好；若这二者都没有，可以用湿海绵蘸上白色粉底霜轻轻提拉，产生白霜效果。

·必要时可以用白色假发。

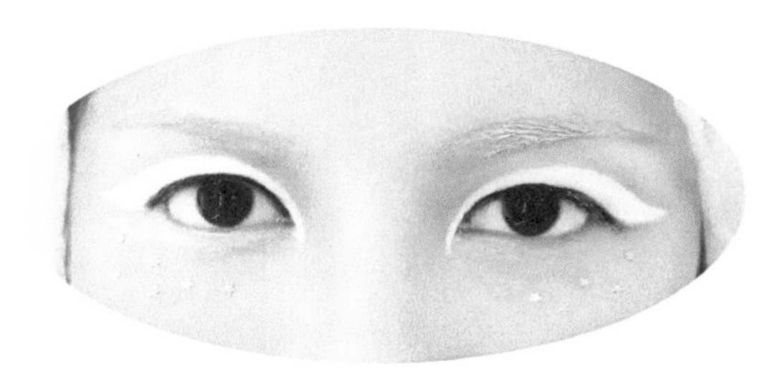

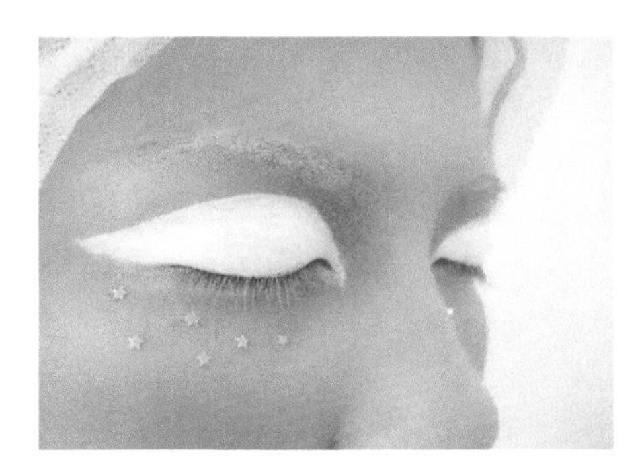

图3-66　冻冰妆整体效果（1）
模特／化妆师　佚名

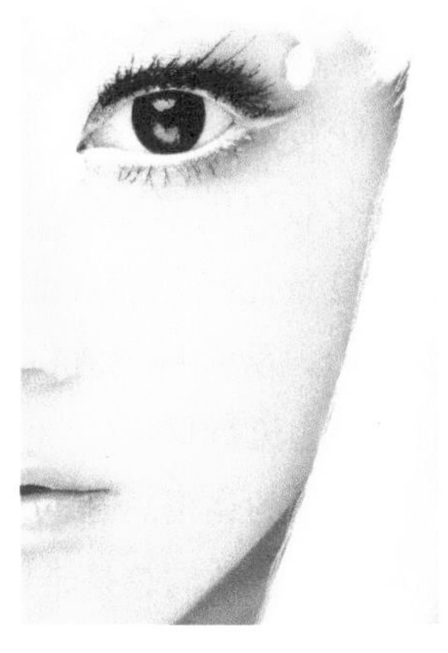

图3-67　冻冰妆整体效果（2）
模特／化妆师　佚名

3. 整体效果

整体色彩以白色为主，呈现一种纯情的冰雪世界的效果。①

挑战自己吧！如果你从不化妆，那么请试试化妆吧，总有一款时尚妆型适合你！

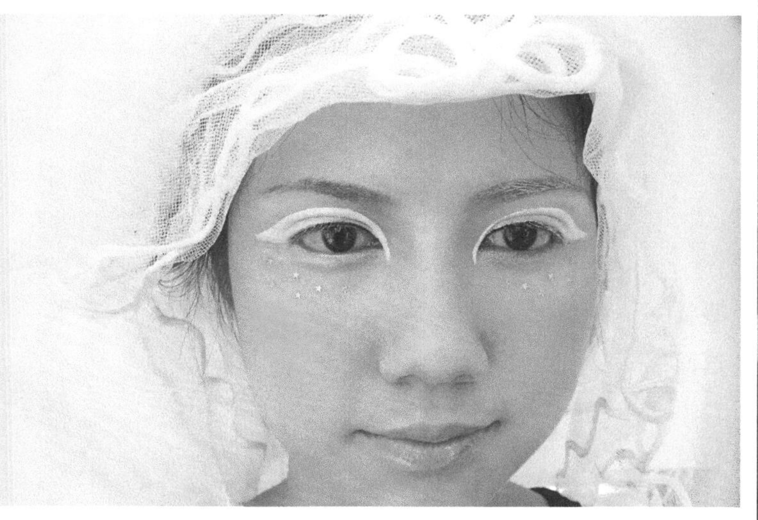

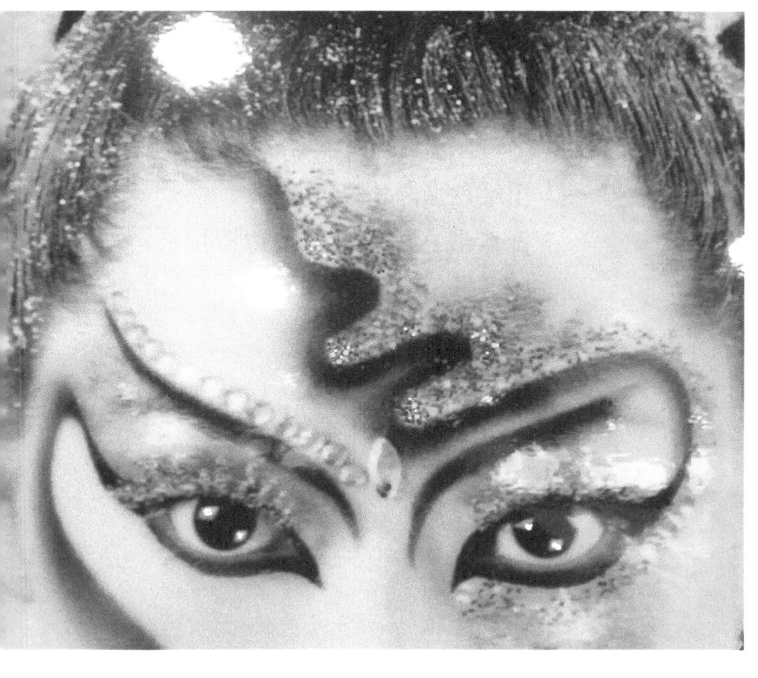

图3-68　冻冰妆整体效果（3）
模特　李懿 / 化妆师　赵雪云

---

① 雪岭冰封锁路隈，高崖怒绽数枝梅。千般娇艳三山见，一缕香魂九日徊。玉骨清霜难悯爱，冰肌冷月忍相摧。一从陆子悲歌后，千古幽伤唱几回？

三十一、日式艺伎妆

图3-69　模特妆前妆后对比

模特　郁咏影 / 化妆师　陈敏

妆型分析

·如今最新潮的时尚大片里的一些妆容的灵感源自艺伎时代：精而细、挑逗而不夸张、婉约动人、艳而不妖。

·华丽的和服，面具一样苍白的脸庞，能弹会唱的日本艺伎在人们眼中总是显得神秘性感。虽然艺伎行业已日趋没落，但日本人对艺伎的化妆技法仍相当热衷。

模特原型分析（略）

妆型要点

1. 皮肤表现

·传统的打底方法。

·为了使白色能够在皮肤上抹匀，首先用带有油份的蜡涂抹在面部、脖颈、前胸。

·用白色珠光粉末（以前用铅粉）和水混合起来，在抹过蜡的地方抹匀。用白色散粉定妆。现在也常用高光色粉底打底，效果也很不错，但要注意涂抹得稍厚一些，并且要涂抹均匀。

·将额头、耳朵下方的部位故意空出缝隙，这是为了让人有种戴上面具的错觉。然后利用棉花抹上。这样能去除大部分潮气，使材料更好地混合。

2. 眉毛化妆

·用黑色和红色画成“一”字形。

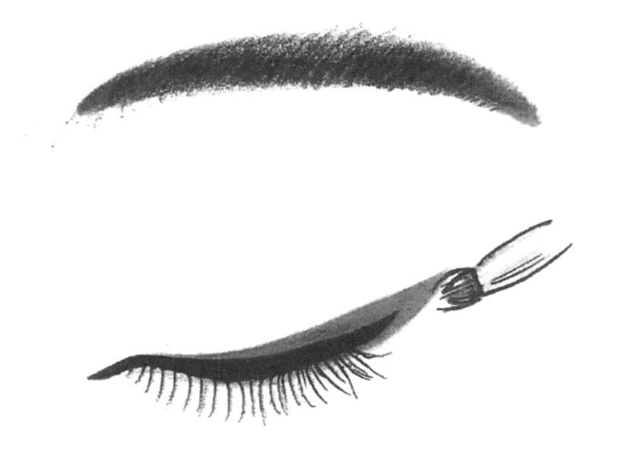

3. 眼部化妆

·用红色强调外眼角部分。

·上眼线在内、外眼角位置拉长，下眼线要比上眼线粗2～3倍。

4. 唇部化妆

·用正红色鲜明地表现性感唇形。

·唇形可以如唐代仕女图里的花瓣

唇，亦可以用现代性感唇形。

· 下唇画得厚一些，上唇稍窄一些。

艺伎唇的画法主要有两种，见下图。

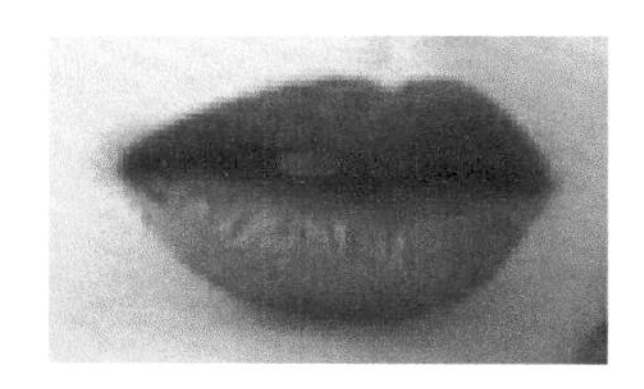

图3-70　日式艺伎妆整体效果（1）

模特　郁咏影 / 化妆师　陈敏

图3-71　日式艺伎妆整体效果（2）

模特　陈欢 / 化妆师　顾筱君

世界上有许多种化妆方法，而几百年前古老的艺伎妆独树一帜，充满东方女性温情婉约的魅力，至今仍是世界各地专业化妆师的必修妆型之一。①

图3-72　日式艺伎整体效果（3）

模特 / 化妆师　佚名

① 一点洁白也称魁，红芽初吐自芳菲。不惊宠辱等闲视，红到十分便化灰。一缕暗香为我醉，我魂剑叶两相随。不知明春花事了，刹那芳华几时回。

三十二、传统韩服妆

图3-73　模特妆后图

模特　焦赛男 / 化妆师　李然

妆型分析

· 韩服是韩国的传统服装，适合脸型比较扁平的东亚人，因此化妆时尽可能不用彩色眼影，省略立体感。韩服妆的重点是嘴唇。

· 韩国人崇尚自然，尽可能不要添加耳环、项链等饰品。

模特原型分析（略）

妆型要点

1. 皮肤表现

· 比本人皮肤稍亮一点，散粉要充足，去除油光，皮肤要干净透明，用透明珠光散粉＋粉色散粉定妆。

2. 眉毛化妆

· 标准拱形眉，灰色＋褐色。

3. 眼部化妆

· 基本色　淡粉色。

· 中间色　用紫色将双眼皮以上的部位自然晕染。

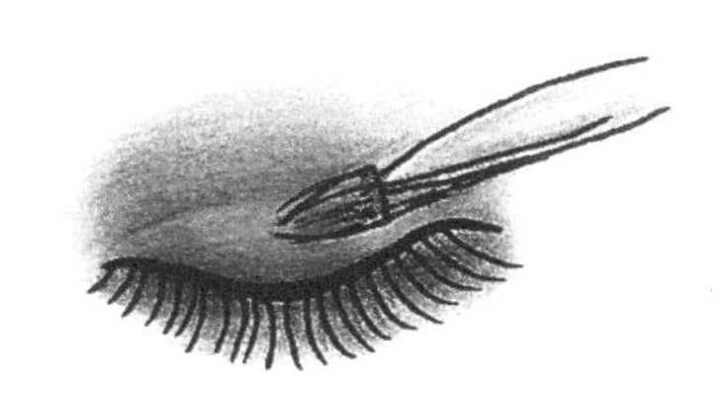

· 上眼线　用黑色眼线笔画眼线，且应画得细一些，再用液体眼线笔晕染一次，使眼睛更加深邃。

· 下眼线　用淡粉色涂满整个下眼线。

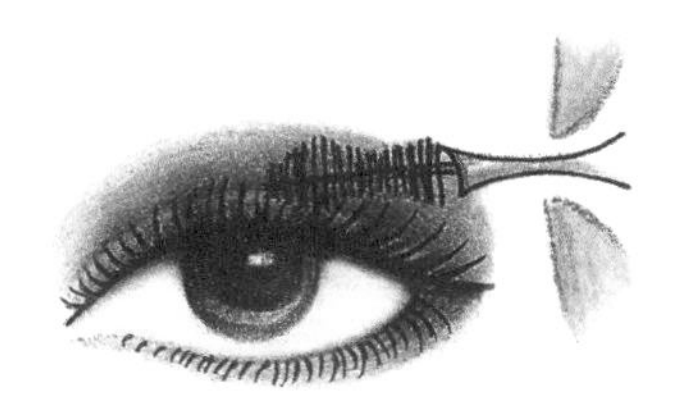

4. 腮红化妆

· 用粉色在颧骨部位表现圆圆的感觉。

5. 唇部化妆

· 用红粉色唇膏晕染，唇形应圆而短。

· 下唇画得比上唇厚一些，上唇稍薄一些。

其实，吸引人的化妆技法不一定复杂，就像这一款清清淡淡、平平常常的韩服妆。可正是这看似无奇的妆容，却蕴含了为人的风范。①

注意事项：

· 尽可能不使用多种色彩，表现圆润的感觉。

· 强调平面的东方美。

· 皮肤处理完后用亮色散粉在脸部中央部位再强调一下。

图3-74　传统韩服妆整体效果（1）
模特　陈欢 / 化妆师　李然

图3-75　传统韩服妆整体效果（2）
模特　焦賽男 / 化妆师　李然

① 你一直在这里，一直在静静地守候——一只笨拙而可爱的小企鹅，一方充满想象的私密空间。我不知道你为什么不隐身，我不知道你为了谁在守候，只能想象有个小小的身影，那身影中飘逸着幸福与温柔。青山在绿水边放歌，绿水在青山间长流……

三十三、浓情印度妆

图3-76　模特妆后图

模特　张汪悦 / 化妆师　吴佳燃

妆型分析

· 妖娆、魅惑、闪烁、跳跃、艳光四射，浓眉大眼加性感双唇，干净利落，性感美丽，浓而不腻，艳而不俗，光彩照人，张扬且具有亲和力，融妩媚与端庄风格为一体，印度妆是一种很浓艳的立体形象妆容。

· 印度纱丽是具有典型民族特点的传统服装，色彩绚丽，明度和纯度都很高。

模特原型分析（略）

妆型要点

1. 皮肤表现

· 用比模特肤色略深的粉底来表现出健康的肤色，增强内轮廓提亮和外轮廓阴影色的修饰，打造裸妆的皮肤质感。

· 用透明珠光散粉定妆。

2. 眉毛化妆

· 浓眉大眼是印度妆的特色，高挑的上扬眉应稍黑稍粗。在眉尾处可以做一个小弧度上挑，能很好地衬托性感迷人的气质。

3.眼部化妆

· 基本色　白色或珍珠白色。

· 中间色　浅紫色，后半部用紫色从眼尾往中间晕染，颜色由浅及深，过渡自然。

· 重点色　深紫色眼影勾勒，再用倒钩的手法从眼尾处沿眼窝凹陷处刷上一层亮紫色（或深紫红色），注意不要填满整个眼窝，到距眼尾1/3处即可。

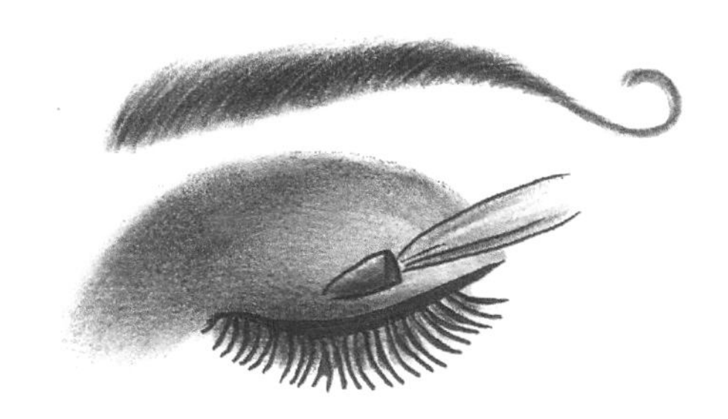

· 眼线　眼部是整个妆面的重点，用水溶性眼线液画出粗线条的黑色眼线。勾画整个眼眶可以将眼睛表现得又大又圆，让双眸更加深邃、熠熠生辉。上眼线眼尾拉长4～6毫米并向上提，呈现出一根特别修长的睫毛的效果。

· 睫毛　只有浓密的睫毛才能突出眼

部神采。

· 下眼线　亮紫色或深紫红，描画到距眼尾1/2处即可。

· 粘上假睫毛，并用黑色睫毛膏涂抹均匀，再将上眼线重新强调一遍。

· 眼部修饰是印度妆的重点，将整个眼形调整成凤眼，可增加眼部迷人的风采。

4.唇部化妆

· 用鲜艳的桃红唇彩描绘夸张的立体唇部，中部采用唇油，可以让唇部看起来更妩媚、更有质感。

5.腮红化妆

· 用橙色腮红强调颧骨上方，可以起到突出颧骨的作用，使妆型更加性感。腮红不宜太过浓艳，用橙色系或砖红色腮红横扫颧弓下陷上方至颞部即可。

6.眉心痣

· 眉心点一个圆圆的红痣，可以更突出印度妆的异域风情。

7.修容及整体效果

· 最后用深浅两用修容饼做全面部修容，并进行整体设计。

印度妆与日本艺伎妆一样，都具有强烈的视觉冲击力和浓郁的民族风情。①

每个人都有自己感人的故事，每个人也都有自己喜欢的妆型，但是请一定要记住，这本书里的任何一种妆型只需要稍加改动，便可以打造出适合你的审美情趣的妆型。

图3-77 浓情印度妆整体效果

模特 张汪悦 / 化妆师 吴佳燃

① 莫向红尘觅苑栽，篱边槛外是蓬莱。三分傲气十分骨，一样黄花百样开。

三十四、欧式朋克妆

图3-78　模特妆前妆后对比

模特　孙薇 / 化妆师　顾筱君

妆型分析

· 欧式妆是一种为模仿欧洲人脸部立体结构特点而设计的妆面，目的是使脸形结构更加立体生动。欧式妆适用于舞台、比赛、展示、摄影等需要适当夸张、改变脸部结构的场合。

· 欧式妆的重点是对眼部的修饰，以及对于眼影色彩的灵活运用，眼影韵律给予妆容最丰富的幻想空间，这是一款深邃、朦胧，极具神秘感与蛊惑感的妆型。

模特原型分析

· 典型瓜子脸，两颧稍突出，面部骨骼轮廓明显。

· 眉形细而色浅淡；眼睛稍大，略有外突；鼻梁稍高而小巧，鼻头较圆；下巴稍尖，上下唇稍厚。

· 皮肤细腻，两颧部有少许痘印；眼部有细小皱纹和黑眼圈，唇线明显。

妆型要点

1.皮肤表现

· 肤色稍白，用高光色和阴影色打出面部轮廓结构。应特别注意，要用阴影色使眼窝下陷，并连到鼻影处；然后将眉骨和鼻梁用高光色提亮。注意：鼻梁不要画得太宽。

· 美目贴　欧洲人面部立体感强，普遍是大眼睛、双眼皮，所以美目贴要贴宽一些；若模特是单眼皮，就用笔画出假双眼皮。

2.眉毛化妆

· 用定型笔定型：注意眉毛要画得立体，眉形要往上提，表现欧洲人不羁的个性，并有拉长脸形的作用；再用棕色眉笔染色，深棕色眉影粉定型。

3. 眼部化妆

· 要求：立体感强。

· 特点：眼睛深勾，眼影和眼线要夸张。欧式眼影有平涂和结构两种。结构与结构化妆（倒钩法）无异；平涂欧式眼影根据最深处的位置分为三种：眼影色最深处在眉头下（如印度妆），眼影色最深处在中间或外眼角（如意大利、法国妆型）。一般意义上的欧式眼影最深处应该在上眼睑的中间或外眼角，画出深邃的神韵。

· 基本色 白色或米色珠光。

· 中间色 黑色晕染，使眼窝自然凹陷，将眉骨提高，形成强烈对比。

· 重点色 用橄榄绿色最后覆盖。

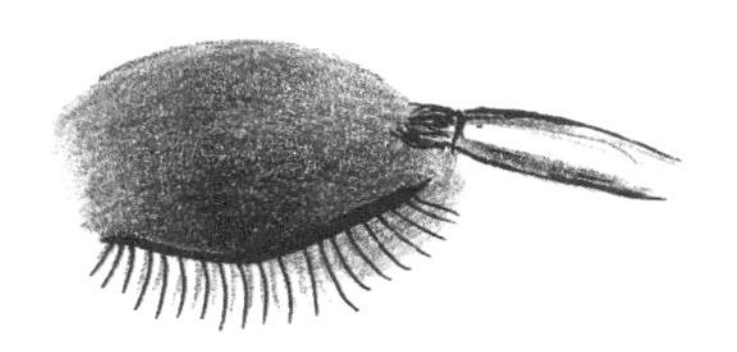

· 提亮色 白色或米色珠光。

· 上眼线 用黑色眼线笔画眼线，眼尾稍拉长向上翘，靠近睫毛的地方涂上眼影，要和眼窝线连在一起。再用液体眼线液描画得更加明显。

· 下眼线 不可太粗，从眼尾细细描画至外眼角的1/3处。

· 贴上假睫毛，用黑色睫毛膏涂抹均匀，再将上眼线重新强调一遍。

图3-79 欧式明克妆整体效果（1）
模特 梦梦 / 化妆师 赵倩

4. 腮红化妆

选择中明度、中纯度的腮红，例如用棕红色腮红淡淡晕染。

5. 唇部化妆

用红色或橙色扩大唇形，使唇部表现得丰满。先画唇线定轮廓，欧式妆的唇较宽，用亮油画，在中间提亮，下面的高度是上面的两倍，口红要用亚光的，画两个层次(即选两种颜色)。

6. 修容及整体效果

用深浅两用修容饼做全面部修容，并进行整体设计。①

有一本书叫作《生命的构建》，其中有这样一句话："在我广阔的人生中，一切都是完美、完整和完全的。"冬去春来，潮起潮落，生生不息，时尚化妆犹如沧海一粟。爱心是画笔，守望是诺言，我们静静地守候在这方寸土地间，无怨无悔……

图3-80　欧式朋克妆整体效果（2）

模特　孙薇 / 化妆师　顾筱君

① 莫道世事烦扰，涓涓还应随缘舞。谆谆教诲，有谁似此，晨钟暮鼓。无语消凝，韶华烟月，尽付尘土。再从头来过，淋漓醉墨，君不见、无悔处。抛却往事无数，竟不甘、平庸寒暑。倚云揽月，落霞孤鹜，凌烟独步。誓将芬芳，漫天洒注，醉香如故。掷千金，纵买相如狂赋，与谁还诉？！

三十五、面部彩绘与整体造型

面部彩绘妆型分析

面部彩绘造型是一种非生活化的形象造型技术，又称面部色彩绘画造型艺术。这是写意、写实，或两种表现形式相结合的一种人体彩绘类型，是集艺术构思、绘画造型技巧、色彩与化妆、人体美术展示为一体的综合观赏性化妆艺术。其表现形式与梦幻妆相同：运用绘画造型技巧，对人体面部乃至全身进行构图和绘画，并借助非常规的材料、道具和手法进行夸张的整体塑造，表现方法奇特，给审美者以丰富的联想，以超常的视觉效果给人留下深刻印象。

面部彩绘造型特点

以面部彩绘造型为主，对模特进行局部乃至全身描画，局部改变或者不改变模特的原本形象。主题可以突出，也可以不设立主题；表现方法柔和，以增加模特局部乃至全身造型美感为主要目的，用色可以夸张，不必拘泥于模式。主要用于化妆师的技能考核、艺术欣赏和化妆比赛。

面部彩绘造型主题设定

面部彩绘造型主题设定可以参照梦幻妆的主题设定，也可以以写实为主，不设立主题。

面部彩绘在造型、画面、色彩上需要化妆师具有深厚的绘画功底，以反映主题的思想性和艺术性。从构思开始，到发型、面部和人体皮肤的色彩纹路、妆容技巧、服装、配饰道具等，均要达到整体高度统一的艺术境界。

面部彩绘造型主题命名

既然面部彩绘可以写实，可以不设立主题，那么也可以不为造型命名。

图3-81 面部彩绘作品1

模特 李春玲（自画）

图3-82 面部彩绘作品2

模特 刘梦梦 / 化妆师 陈敏

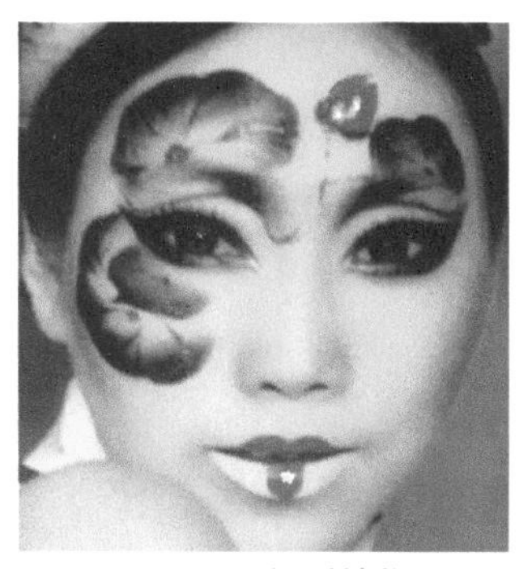

图3-83 面部彩绘作品3

模特 刘梦梦 / 化妆师 陈敏

（局部）

（全身）

图3-84 面部彩绘作品4

《战斗之鸟天使》

模特 佚名／ 化妆师 李春玲

图3-85　面部彩绘作品5

模特　佚名 / 化妆师　赵洁

图3-86　面部彩绘作品6

模特　佚名 / 化妆师　赵洁

图3-87　面部彩绘作品7
《血精灵》

模特　佚名 ／ 化妆师　马迪

图3-88　面部彩绘作品8
《赤焰》

模特　佚名 ／ 化妆师　陈敏

整体时尚创意造型

整体时尚创意造型以时尚、创新、前卫为主要造型要点，时尚感强，色彩丰富，造型唯美，艺术性强。常用于舞台和电视剧人物造型、时尚杂志封面人物造型、模特表演、广告海报等艺术创作。

其余造型要点与面部彩绘相同。

图3-89　整体创意造型1《李白夫人》
模特　佚名 / 化妆师　李芳

图3-90　整体创意造型2《繁华落尽》
模特　佚名 / 化妆师　杜祎

图3-91　整体创意造型3《国色天香》[①]

模特　佚名 / 化妆师　张妍

①该作品获2009年省级大赛金奖，全国大赛银奖。

图3-92　整体创意造型4《费丽的城堡》[1]

模特　佚名 / 化妆师　张菲菲

①该作品获2007年省级大赛金奖。

图3-93 整体创意造型5《和》①

模特 佚名 / 化妆师 赵娜

以上五幅图片所展现的作品《和》是一组整体造型。这是一个美丽的传说：千百万年以来，天庭墨守成规的服饰设计制度让天庭织锦宫的一位织造仙衣的仙女无法忍受。仙女偷取王母娘娘的时空转换五彩石周游列国，最终设计出了一件以中国飞天、古希腊女神、古埃及爱神、古印度飞天为主要风格的反映世界大融合的服装，并为其取名为“和”。随着模特胸前时空转换五彩石的拿下，一件件风格迥异的美丽服装呈现在观众面前。

①该作品获2008年省级大赛金奖。

图3-94　整体创意造型6《昭君出塞》①

模特　佚名 / 化妆师　王云

①该作品获2008年省级大赛金奖。

图3-95 整体创意造型7《陨落》①

模特 吴婧靓 / 化妆师 聂坤钰

①该作品获2008年省级大赛金奖，2010年中韩大学生交流赛一等奖。

图3-96　整体创意造型8《日月同辉》
模特　佚名 / 化妆师　杨文静

图3-97　整体创意造型9《蒙族新娘》
模特　佚名 / 化妆师　王阳凯

图3-98　整体创意造型10《赵云》
模特　佚名 / 化妆师　米浩暄

图3-99　整体创意造型11《贵妃》
模特　佚名 / 化妆师　于洁

图3-100　整体创意造型12《九尾灵狐》[①]

模特　佚名 / 化妆师　耿杰平

① 该作品获2008年省级大赛金奖。

图3-101　整体创意造型13《罗蕾莱》

模特　佚名 / 化妆师　陈桐

图3-102　整体创意造型14《美人殇》

模特　佚名 / 化妆师　蔡笑

图3-103　整体创意造型15《绿窗残梦》

模特　佚名 / 化妆师　邓钦文

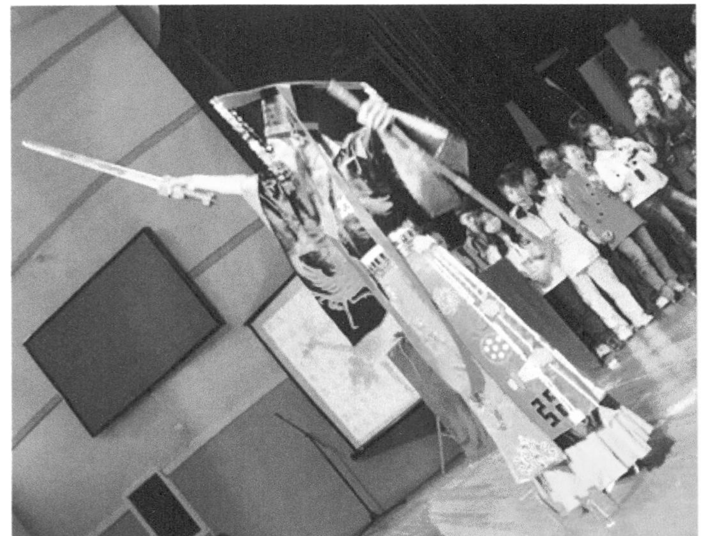

图3-104　整体创意造型16《汉武大帝》
模特　佚名 / 化妆师　林蓝蓝

图3-105　整体创意造型17《飞 天》
模特　佚名 / 化妆师　赵娜

图3-106　整体创意造型18《德拉库拉》
模特　佚名 / 化妆师　郭熙熙

图3-107　整体创意造型19《冥后》
模特　佚名 / 化妆师　陈晶晶

图3-108　整体创意造型20《忆江南·金陵印象》[①]

模特　佚名 / 化妆师　李春玲

①作品荣获2017年全国化妆大赛金奖。

三十六、人体彩绘

人体彩绘妆型分析

人体彩绘来源于一种古老的文身艺术。最早应追溯到古印度和古埃及的一种传统而古老的神奇宗教信仰，是宗教祭祀、图腾尊奉和祈福膜拜时必需的步骤，是驱魔避邪的神秘而吉祥的符号。

人体彩绘妆型特点

对模特进行全身描画，主题突出，妆型如梦如幻，服装、道具、佩饰、发型、化妆、绘画应该为主题服务，完全改变模特原本的形象。表现方法奇特，创意不受常规思维束缚，用色不拘泥于常规模式，常用于艺术欣赏、艺术类活动和化妆比赛等。人体彩绘作品必须命名。

（1）色彩　色彩搭配一般应具有强烈的视觉冲击力或充分强调唯美效果，如应用强烈的对比色、原始狂野的夸张手法、大面积色块的色彩变化，来表现极柔和或极强烈的审美感受等。

（2）线条　线条组合富于动感或复杂奇特，如运用各种强烈偏离、变化生硬、烦琐复杂的，或有寓意的线条组合变化来表现主题。

（3）造型　造型风格多样，可以有很大的发挥空间，可以是优美和谐、简洁的，也可以是怪诞、矛盾、复杂的。

（4）形体　形体构造奇特，主题范围广泛，构思奇妙独到。如用离奇的形体造型语言、反常的材质、悬殊的比例、杂乱无序的不均衡的构图、粗糙的皮肤质感肌理以及打破常规的展示形式，表现出一种震撼人心的视觉效果和强烈的艺术感悟力。

图3-109　人体彩绘作品1《爱你一万年》
模特　佚名 / 化妆师　尤清

图3–110 人体彩绘作品2《赤焰》

模特 佚名 / 化妆师 陈敏

图3-111　人体彩绘作品3《霸天奴》

模特　佚名 / 化妆师　王贤

图3-112　人体彩绘作品4《瑞兽》（正面）

模特　佚名 / 化妆师　赵雪云

图3-113　人体彩绘作品4《瑞兽》（背面）

模特　佚名 / 化妆师　赵雪云

图3–114　人体彩绘作品5《帝女梳妆》（正面）

模特　佚名 / 化妆师　周露

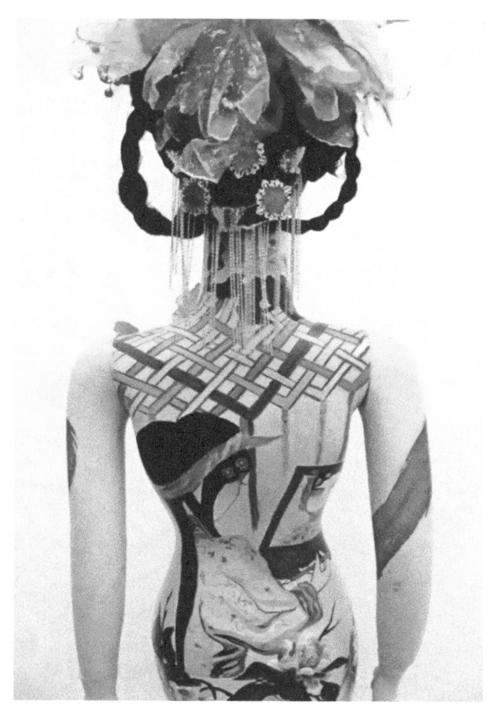

图3–115　人体彩绘作品5《帝女梳妆》（背面）

模特　佚名 / 化妆师　周露

图3–116　人体彩绘作品6《蝴蝶》

模特　佚名 / 化妆师　傅蓉

图3-117　人体彩绘作品7《霸王别姬》（正面）

模特　佚名 / 化妆师　相郑昊

图3-118　人体彩绘作品7《霸王别姬》（背面）

模特　佚名 / 化妆师　相郑昊

图3-119　人体彩绘作品8《万王之王》

模特　佚名 / 化妆师　冻冰

图3-120　人体彩绘作品9《蚌壳精》

模特　佚名 / 化妆师　杨舒

图3-121　人体彩绘作品10《美女蛇》

模特　佚名 / 化妆师　王璐

图3-122　人体彩绘作品11《豹女》

模特　佚名 / 化妆师　张瑾景

图3-123　人体彩绘作品12《程蝶衣》

模特　佚名 / 化妆师　刘阳

图3-124　人体彩绘作品13《龙图腾》

模特　佚名 / 化妆师　耿杰平

图3-125　人体彩绘作品14《中国红》

模特　佚名 / 化妆师　李春玲

图3-126　人体彩绘作品15《蛇血欲焰》

模特　佚名 / 化妆师　谭典

图3-127　人体彩绘作品16《兵马俑》

模特　佚名 / 化妆师　郭润宇

图3-128　人体彩绘作品17《摩托女郎》

模特　佚名 / 化妆师　彭菲

图3-129　人体彩绘作品18《花样年华》

模特　佚名 / 化妆师　孙璐

图3–130　人体彩绘作品19《春》

模特　佚名 / 化妆师　时宣

图3–131　人体彩绘作品20《九尾狐》

模特　佚名 / 化妆师　周露

图3-132 人体彩绘作品21《飞天》

模特 佚名 / 化妆师 赵娜

第二节　其他艳丽妆型眼影集锦（创意妆、拉丁妆等）

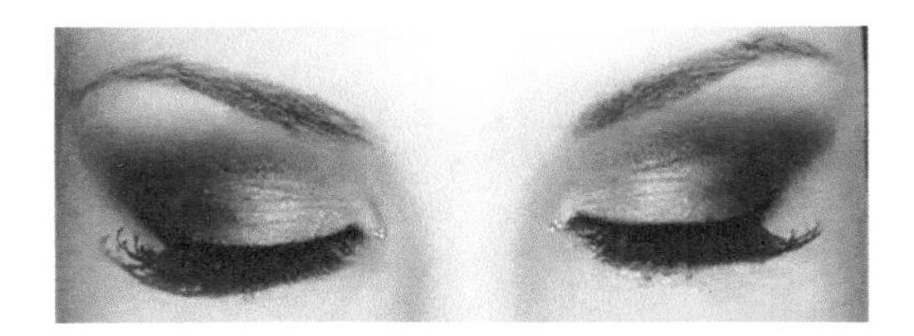

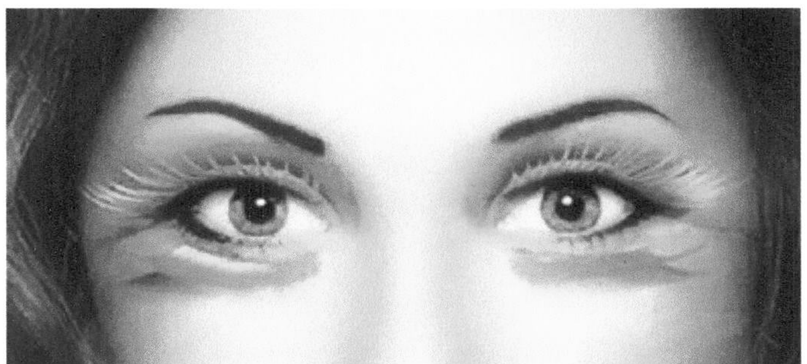

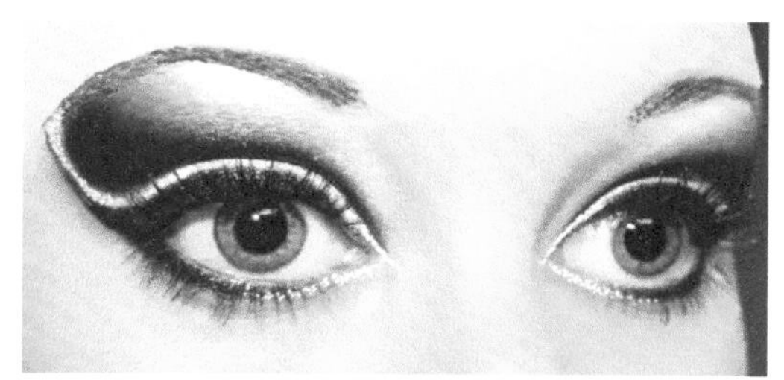

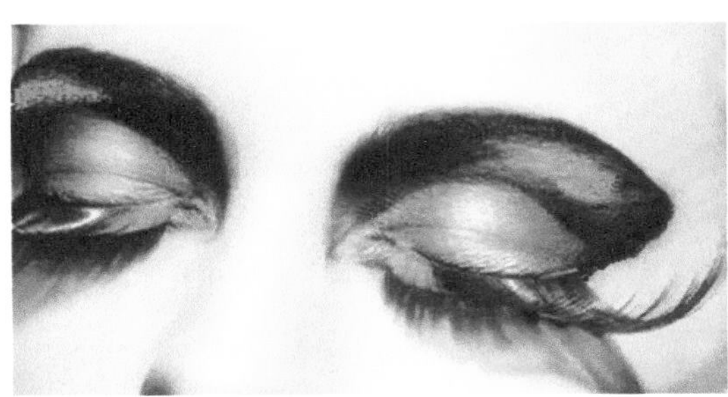

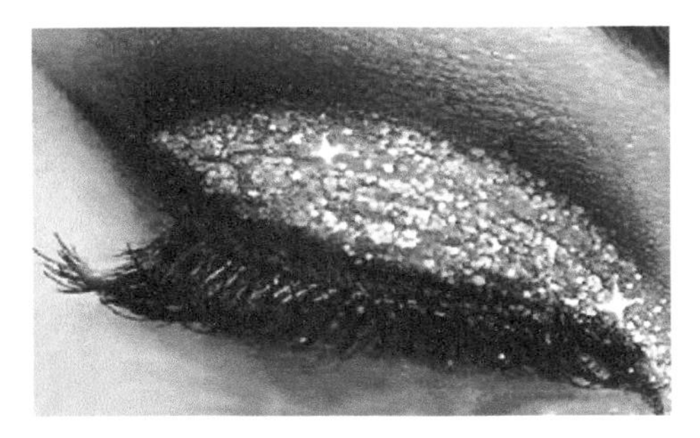

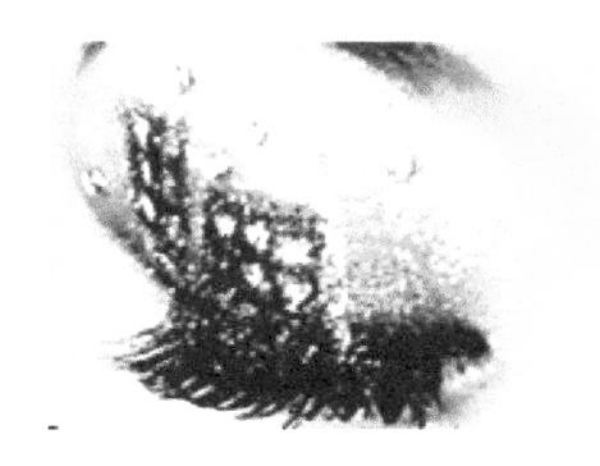
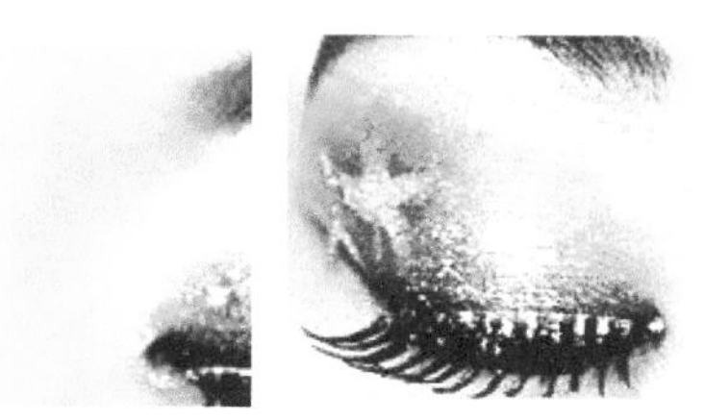
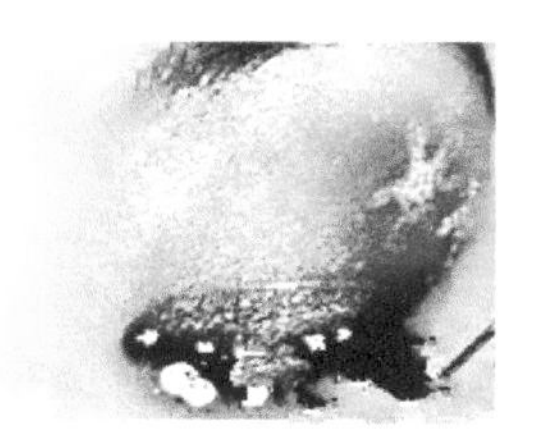

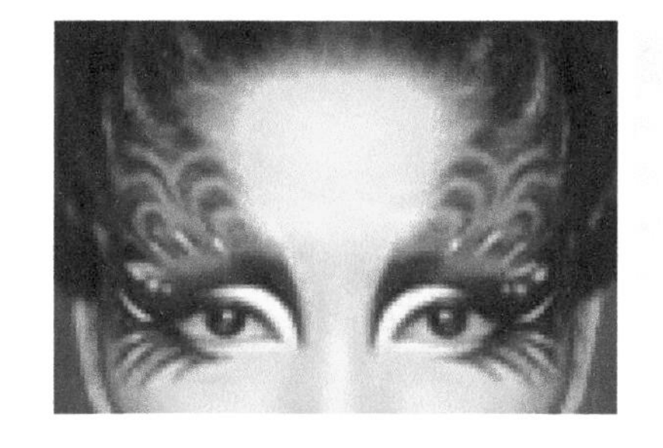
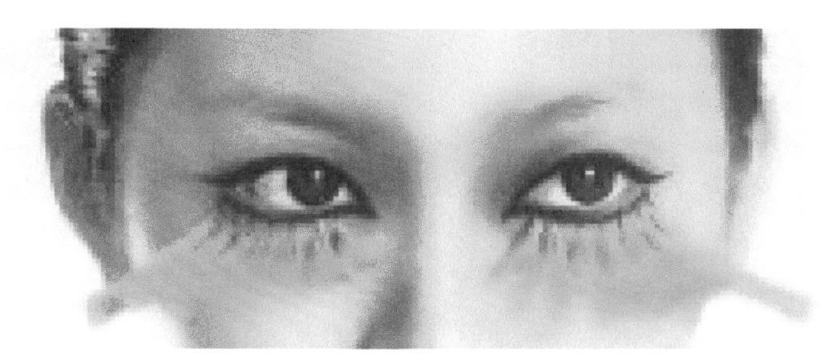

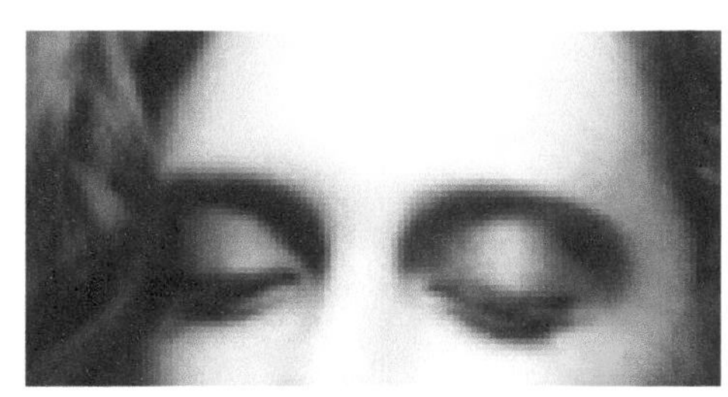

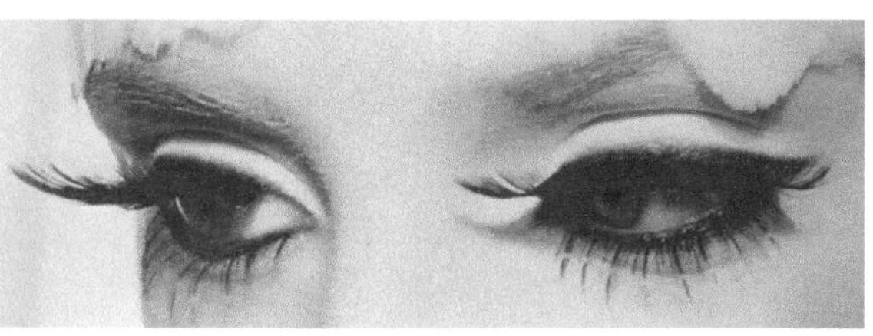

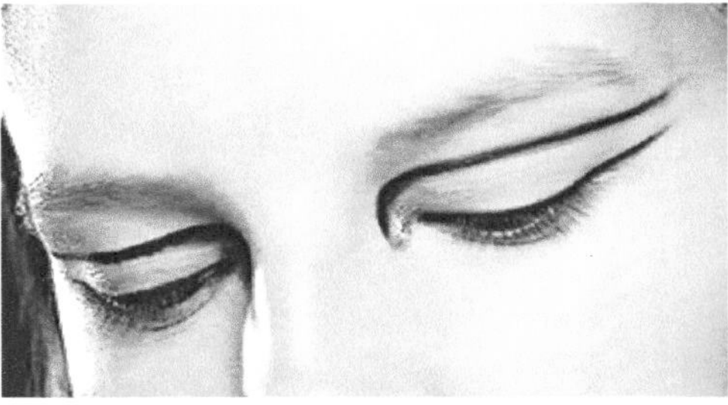

POP

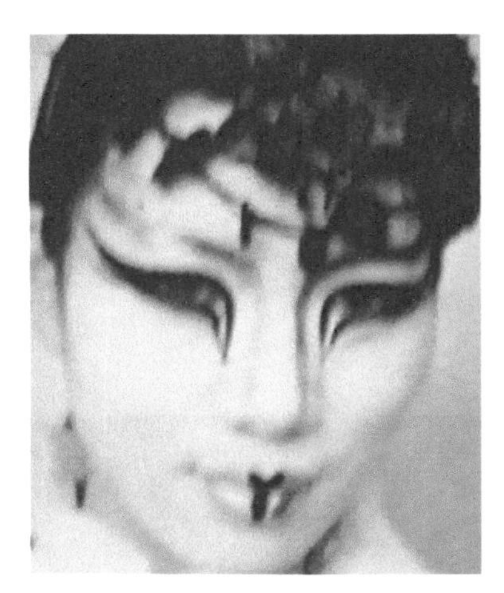

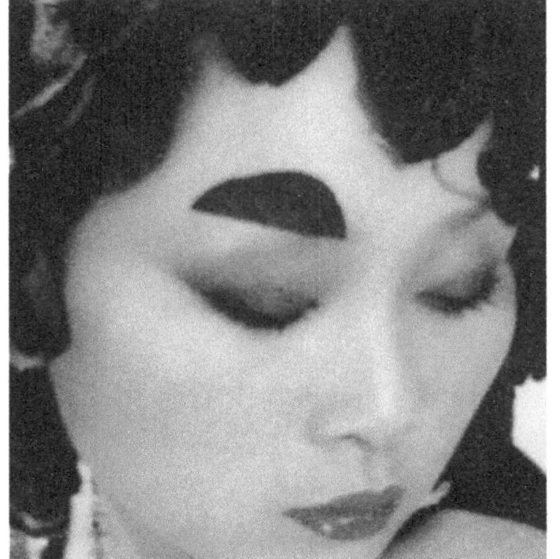

第二编

基础知识

第四章
化妆美学导论

本/章/重/点/与/难/点/提/示

一、重点

1. 化妆美学的概念。
2. 形式美学与时尚化妆。

二、难点

1. 色彩美学与形象美学的概念。
2. 时尚化妆形象塑造与色彩应用。
3. 灯光与化妆色的关系。

学习化妆，首先要学习美、懂得欣赏美（美和人体审美及时尚形象设计的造型原理请参照《时尚形象设计导论》）。化妆中的美学设计包含了形式美学和色彩美学两大部分。

第一节　色彩美学与时尚化妆

对自然界的各种色彩，要辨别出其中微妙的差别，锻炼出对于色彩的敏锐、准确的判断能力，这对于一名化妆师而言是十分重要的。而在色彩美学中，首先要了解的就是色彩。

一、色彩属性

色彩可以分为无色彩系列和有色彩系列两大类。

无色彩系列是指黑、灰、白等不同深浅的颜色。

有色彩系列是指色带光谱上的红、橙、黄、绿、青、蓝、紫及其衍化产生的色彩。

1. 色彩三要素

色彩具有三个属性：色相、明度和纯度，它们又被称为“色彩三要素”。

（1）色相

色相即色彩的相貌，指色彩所呈现的本质面貌，也指颜色的光谱波长，又称色别。如红、橙、黄、绿、青、蓝、紫，就是不同波长被眼睛感知的七种基本色相，而在各色中加入一个或几个中间色，还可以产生出多个不同的色相，例如红+橙=红橙或橙红，其中最终产生的色相是由加入的各色的比例所决定的。

事实上，除黑白灰以外的颜色都有色相，而色相是由原色（红黄蓝）、间色（橙绿紫）和复色构成的，其特征由光源的光谱决定，在此不再赘述。

① 同类色、邻近色、对比色、互补色

· 同类色　在色相环中，用任何一种颜色加黑、加白或加灰所形成的色彩，称为同类色。同类色搭配给人稳定、温和的感觉。

· 邻近色　在色相环中，左右相邻的处于30°到60°之间的两个颜色称为邻近色，例如红与黄、蓝与绿、橙与黄等。邻近色的搭配令人感觉稳定安全、柔和自然。

· 对比色　在色相环中处于120°到150°之间的任何两种颜色属于对比色。其颜色搭配应当小心，搭配得当时对比强烈，具有活泼、明快的效果，例如红与绿搭配一般被认为不和谐，但如果是绿色田野中有星星点点的穿红衣服的人，就是所谓的“万绿丛中一点红”，会让人觉得特别显眼而明快。

· 互补色　互补色是就一种原色与另外两种原色混合的间色之间的关系而言的。互补色用色相环表示更清楚，在色相环中呈180°角的一对色（或色环中直径两端的颜色）均为互补色，例如黄与紫（红加蓝）、蓝与橙（红加黄）、红与绿（黄加蓝）等。在色彩学上，红色与由蓝加黄形成的绿色为互补色，红色（原色）称为补色，绿色（间色）称为余色，或称红色为绿色的补色，绿色为红色的余色，以此类推。

光色的补色是指混合得出白光的两种光色互为补色；在颜料中，凡是能混合出黑灰色的两色互为补色。而在三原色中，任何一色与其余两原色混合而成的间色再混合，都呈黑灰色，它们便都互为补色。

互补色中两色对峙、对比，相互排斥，视觉对比强烈炫目，有刺激性和冲击力。如能调整好其明度和纯度的对比关系，则可以起到相互衬托的作用，有优雅而别致、鲜明而饱满的效果；反之则会显得生硬、低俗、怪异。因此有一些特别的妆面效果可以使用互补色的搭配。互补色搭配时，两色中的一种颜色要纯，另一种颜色要降低纯度或明度，这样会收到较好的效果。例如大面积的绿与小面积的鲜红搭配，夸张而富有个性，属于一种另类的风格；再比如蓝色与亮橙色搭配，有华丽而妖艳的感觉；还有大面积的紫与小面积的亮黄搭配，立体效果突出，具有强烈的质感，这些都是一些大胆而具有强烈的视觉冲击力的搭配方法。

② 无色彩系　黑、白、灰系列的颜色称为无色彩系列，又称为中性色，是一组让人感觉中庸而又永远时尚的色彩系列。黑、白、灰系列的颜色与任何颜色搭配都会产生很和谐的效果。

黑、白、灰与任何颜色相调，都可以提高或降低颜色的明度；任何颜色与黑、白、灰相调，都可以降低颜色的鲜艳程度（纯度）。颜料从颜料盒中取出时的颜色是最纯的，但只要与黑、白、灰色相调，调的次数越多，其颜色的纯度就会越低，鲜艳程度也会越低。因此，我们化妆设计需要调色或多种颜色搭配时，应当考虑到颜料的这一特性。

（2）明度

明度是指色彩的相对强度或亮度，即色彩的明亮程度，也就是色彩的浓淡和深浅，对颜色而言称明亮度，对光色而言则称光度。明亮程度不同，会使同一色相产生出不同明暗的颜色；光度不同，可使同一颜色显现出深浅不同的颜色。不同颜色的明度是不同的，颜色越浅，明度越高；反之，颜色越深，明度越低。例如黄色明度最高，黄、橙、绿、红、青、蓝、紫依次递减，紫色明度最低。

一种颜色由于光线照射强弱不同，会产生明暗强弱不同的变化，例如红色会产生浅红、红、深红、暗红等多种颜色，可以有很多明暗层次的变化。明度的强弱一般用高、中、低来表示，如一种颜色很亮则可称明度高。

另外，各种色相本身的明度也不是相同的。譬如将各种基本色彩转拍成黑白照片时，根据胶片感光程度可以明显看出，黄色比红色更亮，红色比紫色更亮。

明度在形象设计中具有很重要的作用。人物形象的立体感或轮廓的凹凸结构特征主要靠色彩的明度来体现。

（3）纯度

纯度又称色彩的彩度或饱和度，是指色彩本身的纯净清晰程度或鲜艳程度。色彩纯度越高，饱和度越大，颜色越鲜艳；反之，纯度越低，颜色就越灰暗。纯度高的色彩掺白色会提高它的明度，掺黑色则会降低其明度，但无论掺哪种颜色都降低了色彩的纯度。在化妆色彩使用上，过多掺入白色，会造成纯度不足，缺乏力量；如纯度过高，不注意明度的协调，会产生刺目的感觉。只有纯度适当时，化妆色调才会鲜明、生动、有力、感人。

色彩的纯度一般也采用高、中、低等来区分。最纯净的色彩，纯度最高。

色相环中的基本色相，在正常强度的光线的照射下，色彩纯正、鲜艳。倘若掺入黑、灰色，或掺入其补色，则色彩的纯度就会起变化，变得不那么鲜艳。在化妆时倘若想改变色彩的纯度，就可以采取这种办法。

（4）色彩三要素的相互关系

色彩的三个属性不是孤立的，而是相互依存、相互制约的。每一种色彩都具有三种属性。化妆时如果改变了某一色彩的任何一个要素属性，则其色相、明度、纯度相应地都会起变化。例如黄色掺入一些褐色后，其明度降低，纯度也会降低，色相也变成黄褐色了。

差别很小的色彩，配上不同的明度和纯度，就会产生显著变化，并且每一种色彩都会巧妙地衍生出无数的近似色来。譬如黄色有柠檬黄、浅黄、金黄、芥末黄、杏黄、土黄、中黄等；蓝色有天蓝、海蓝、灰蓝、浅蓝、宝石蓝、孔雀蓝、深蓝、藏青等；白色有雪白、乳白、米白、青白、粉白、蓝白等；黑色有灰黑、红黑、紫黑、蓝黑、青黑等。这些衍变构成了我们周围五彩斑斓的世界。

色彩的相互关系仅指不透明色彩的相互作用关系，如修饰类化妆品、服装色彩等。色彩的相互作用关系如下：

①三原色等量混合，或者是三间色等量混合，都会产生极混浊的近似于黑的颜色。

②两种原色混合，可降低原色的纯度，产生的间色带有灰色成分。

③色带中相邻两色混合，可保持原来两种颜色的纯度或属性，但色相、明度、纯度都会相应地发生变化。

④两种等量间色混合，产生的新颜色倾向于两色之间共有的原色，如绿和橙混合，产生带黄色的灰色。

⑤两种互补色等量相混，产生倾向于原色的灰色，若加大余色用量，新颜色倾向于黑色。化妆时要保持色彩明度，不灰不脏，应尽量避免互补色相混。

⑥互补关系的两种色彩并列时相互衬托，相互提高色相强度；相混时，色彩变得混浊。

（5）色彩的其他要素

色调　又称色彩的调子。色调是指色彩外观的基本倾向，也是构成色彩统一的主要因素。色调是能被一组组区分的色彩属性，如红色调、蓝色调或明暗调子等。

从色相分类，有红色调、蓝色调、绿色调等。

从明度分类，有亮色调、暗色调、灰色调等。

从纯度分类，有鲜色调、浊色调等。

从感觉分类，有冷色调、暖色调等。

色度　指色调和相对的饱和度，应与色彩的纯度相区别。

影调　指颜色的层次。分述如下：

在摄影学中，景物的明暗关系表现在影像的明暗层次上，是构成影像的基本因素，是造型处理、画面构图、烘托气氛、表达情感的重要手段。

在化妆学中，色彩实际应用得好坏是化妆能否成功或者说能否取得最佳美学效果的关键。物体视觉形象的形成主要取决于物体的形状与色彩。形状是物体的形体外壳，是辨别物体本质差异的要素之一；色彩则是物体的外衣，是物体情感象征的要素之一，只有将二者巧妙结合并加以实际应用，才能赋予物体巨大的审美魅力。

在返璞归真、崇尚自然的现代美学大趋势下，淡雅可爱的化妆方式、和谐自然的服饰色彩搭配，已成为人们竭力追求的一种风格。巧妙地运用色彩知识和摄影知识，对个人的特质、肤色等做理性的、科学的分析，精心设计化妆妆面，科学运用色彩，充分表露自己的形体和色彩之美感，通过外在美的设计，充分表现出自己独特的个性风格或气质风度，是时尚化妆造型师必须掌握的技巧之一。

2. 色彩的科学搭配

化妆中色彩的选择和搭配是取得最佳效果的重要因素之一。不同的色彩随意凑在一起，会不协调，只有按一定规律进行搭配，才能给人以美感。

色彩搭配应遵循以下规律。

（1）色彩色相对比搭配　色彩色相对比搭配是指色彩明暗程度的对比搭配，可以分为冷色系、暖色系对比搭配。色相搭配越远，效果越好；对比色搭配越近，则效果越好；色相、明度、纯度分别按一定的次序渐变，能产生柔和渐变感。单一的色相搭配，可产生素雅、恬静的效果；较多的色相搭配则显得热闹、花俏；对比强烈的色相搭配带有活泼动人之感；类似的色相搭配，能产生稳健单调的效果；冷暖搭配则可以使人视觉平衡。因此，所谓暖色搭配和冷色搭配，其实是相对的，是由各种色彩给予人的不同的心理感受而产生的效果。例如暖色艳丽、醒目，有温暖、膨胀、前进、扩张的感觉，容易使人充满热情、兴奋、情绪激动；冷色庄重、神秘、冷静，或具有收缩、后退、安静、平和的感觉，使人感觉清爽或沮丧。另外，冷色系在暖色的点缀下，会显得更加冷艳。例如，冷色系的紫色眼影用暖色系的亮橙色稍作点缀，则衬托出更加冷艳的妆容。同样，暖色在冷色的映衬下也会显得更加温暖，例如，橙红色服装配一条淡绿色纱巾，会使人感觉热情洋溢。

（2）色彩明度对比搭配　色彩明度对比搭配指色彩中明暗程度产生的对比搭配效果，又称深浅对比、黑白对比。色彩的层次感和空间关系主要靠色彩的明度对比来表现。因为明度有强弱之分，所产生的效果是不同的：颜色反差加大时，明度对比强烈，凹凸效果明显，立体感加强，例如黑白搭配；反之，颜色反差较小时，明度对比较弱，凹凸效果不明显，淡雅含蓄，柔和自然，例如淡粉色与淡黄色、浅灰色与乳白色等。

以高明度进行搭配，深浅反差大，有强烈、明亮、壮丽、轻快、优雅、清晰度高的感觉，称为强搭配；以低明度进行搭配，深浅对比反差小，对比效果含蓄，有柔和、舒适、庄严、凝重、阴暗、沉闷、清晰度低的感觉，称为弱搭配。

黑白搭配有沉静、肃穆感，黑白红之间任意搭配或三者同时搭配都显得经典，具有永恒的美；白与各种纯色搭配，呈清晰、明快感；白、红搭配有朝气蓬勃的感觉。

（3）色彩纯度对比搭配　色彩纯度对比搭配指由于色彩纯度差别形成的搭配效果，用以调配艳丽或浑浊类型的色调。纯度高而色相疏远的色彩搭配，对比强烈，鲜艳夺目，效果明艳而跳跃，引人注目，活泼生动、艳丽，但易使人产生视觉疲劳，不能持久注视；纯度低而色相疏远的色彩搭配，色彩浅淡，柔和模糊，朴素大方，效果含蓄但色彩单一；运用纯度对比搭配时，要分清用色的主次关系，避免产生凌乱、灰闷、单调的效果。

高纯度与低明度的搭配，能产生沉重、稳定、坚固、生硬、杂乱、刺激、炫目的感觉，称为硬搭配；低纯度与高明度的搭配，能产生柔和软绵、含混单调的感觉，称为软搭配。

（4）色域搭配　分为同类色搭配（微差搭配）、邻近色搭配、互补色搭配和对比色搭配几种情况。

同类色搭配指同一色相中，不同纯度与明度的对比搭配，又称微差搭配。微差搭配时，次要色要接近主色或服从主色。例如深浅不同的褐色搭配可以改变单调的视觉效果。邻近色搭配指色相环中相邻色的搭配，如绿与黄、黄与橙、紫与蓝等。同类色搭配和邻近色搭配效果柔和自然，但有时会产生模糊平淡的效果，适当调整色彩的明度，可以使作品色彩更和谐。

另外，色域搭配还包含互补色搭配和对比色搭配等。前面已说过，互补色搭配是指色相环中直径两端的颜色搭配，如红与绿、黄与紫、蓝与橙等。对比色搭配是指三个原色中的两个原色之间的对比搭配。这两种搭配对比效果强烈，颜色艳丽而引人注目，比较适合渲染热烈的气氛。但是强烈对比时要注意色彩的和谐，对比搭配时，次要色与主要色相对应，可以通过改变面积、明度、纯度的手法，达到和谐的目的。

二、色彩的功能

颜色的功能

（1）颜色可使目标显著或不引人注意　色彩可以改变视觉效果，这种方法常用在化妆与服饰的搭配上，如稍肥胖的人适合穿深色服装，可以显得瘦些；较瘦的人穿上较淡或较浅色的服装则会显得胖些，在人群中穿着灰色服装总是不太容易引人注目。

（2）颜色可以反映或增强其他颜色　某些颜色可以反映或加强其他的颜色。例如皮肤红润的人围上一条鲜艳的红围巾可使肤色更为红润；黄色与橙色并列，可使橙色更明亮；一个人有双蓝眼睛，当穿上比眼睛更浅的蓝色衣服时会使蓝眼睛更蓝、更显著。

（3）颜色会偷取颜色　较深的颜色会偷取较浅的颜色，或者说减弱另一种颜色的视觉效果。例如，一个人有双蓝眼睛，如果穿上比眼睛色更深的蓝衣服，则会使眼睛的蓝色变浅或不明显、不突出，又或者在浅蓝或蓝白色旁放置鲜蓝色的物体，会使浅蓝或蓝白色显得更浅、更淡。也就是说，较深或鲜艳的颜色会减弱较浅颜色的视觉强度。

此外，色彩还具有膨胀感、收缩感、华丽感、质朴感等视觉效果。这些色彩的感觉都是相对的，不能公式化运用。进行形象设计时要从客观实际出发，具体情况具体分析。

（4）视觉与视错觉　眼睛接受光线后在视网膜形成倒像，并转化为电信号，传至大脑视觉中枢，而生成物体正常的视觉现象，倘若产生了错误的视觉信号，即称为视错觉现象（见图4–1）。视错觉现象是在特定条件下产生的对外界事物歪曲的、错误的感觉判断，或者可以说视错觉是由于受一定心理因素短暂影响而产生的、主观努力所无法克服的一种生理现象。

图4–1　视错觉

其实，在审美领域中，错觉是“美的产床”。有许多艺术形式和美的产生都要借助于人的错觉，因此在美学领域中有“错觉美”一说。视错觉既然是错误的知觉，哪里还有美可言呢？其实不然，视觉产生的原因很复杂，有眼睛的生理结构因素，如眼球的运动、感官信息和输入信息的相互矛盾，有审视时的特殊心理因素，还有按正常视觉习惯去判断一切这一因素，如果忽略了特定条件下的“逆反规律”，当前知觉会与过去经验产生矛盾或出现思维推理上的错误等。

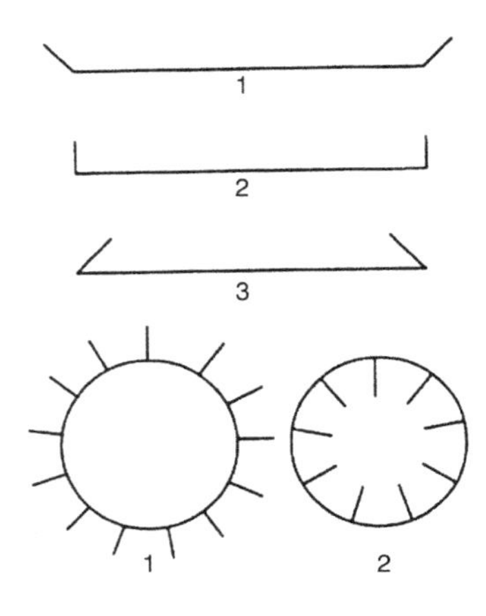

图4-2 视错觉现象

视错觉现象千变万化，但万变不离其宗，可概括为两大类，即形象视错觉和色彩视错觉，前者主要是对物体的外形，如面积大小、角度大小、长短、远近、宽窄、高低、分割、位移、对比等产生错觉；后者主要是指对物体的色彩，包括颜色的对比、色彩的温度、光和色的疲劳等产生的错觉。如前文阐述色彩学原理时所述，白色能给人扩张、凸出、前进、膨胀的感觉，黑色有收缩、凹陷、后退、阴影的感觉。因此，同样大小的物体，白色者在感觉上会比黑色者大一些（见图4-1）；同样道理，暖色给人扩大、前进的感觉，而冷色给人缩小、后退、远离的感觉。在画图时，同样的线段或同样大小的圆，由于两端的线条向内外伸展的角度不同，给人的视觉感受也不相同（见图4-2）。

现代的光效应艺术，就是利用某些科学原理在画面上借助形状的大小排列、层次的深浅退进、色彩的冷暖穿插等造型手段，设计出一些特殊效果，特意造成视错觉，产生类似流动、旋转、波浪等极富动感的艺术效果。

①化妆中视错觉的运用　在人物的形象化妆设计中视错觉的应用是十分广泛的，这也是取得化妆美学效果的重要方法。例如脸型较宽或稍胖的女性化妆时要选择比自己皮肤颜色略深一号的粉底，利用深色收缩原理（视错觉效应）获得面型收紧、感觉瘦一些的效果；相反，脸型瘦小者的基面妆色宜选择浅而明亮的粉底，利用其膨胀扩张的视错觉效应获得面型扩大、面目明朗的效果。

②服饰设计中视错觉效果的运用　肥胖体型者穿上横条纹的浅色服装，就会给人更肥胖的视错觉印象；而穿上带竖条纹、V领的深色服装则会给人一种体型增高、脸型拉长、整体苗条的视错觉效果。

③发型设计中视错觉的运用　在发型设计中，可以通过视错觉的运用获得改变脸型的最佳美学效果。例如圆脸型者应选择顶部高耸或蓬松、两侧略收紧的发型；长脸型者则适合顶部头发压低，两侧发丝蓬松、自然略带波浪感的发型。发型与体型也有类似的关系，这些我们将在有关章节中做详细介绍。

三、色彩的调和

通常我们对单独的一种颜色很难做出美或丑的评价，但若有两种以上的色彩并列组合，就会产生调和（美）或不调和（丑）的感觉，也就是和谐的印象。倘若我们看到某些色彩组合感到悦目，就说明这种色彩组合调和或和谐，给人以美的印象。

1. 近似调和与对比调和

色彩的调和大体上可分为两种，即近似调和与对比调和，但这并不是绝对的，近似调和中也应有一定的变化。一组色相近似的色彩，倘若将其中某些色彩的明度或纯度做一些变化，则效果会好得多，否则就会显得单调。对比调和也应有统一感，尽管是对比色彩的组合，也应通过某些中性色的过渡，或从面积、明度、纯度上强调某些色彩。减弱某些色彩，使之产生既有对比又有统一感的和谐效果，以达到增加美感的效果。

2. 色调

色调就是我们所看到的所有色彩组合的基本倾向，所以也称为色彩的“基调”。对于色调的区分，有很多种方法，例如，可从色彩冷暖的性质上，分为暖调子、冷调子；可从色相上，分为黄调子、蓝调子、绿调子；也可从明度或纯度上，分为明调子、暗调子、灰调子等。

在形象设计中，注意色彩组合的调和关系，掌握色调的统一规律，是很重要的基本功。客观世界中的色彩现象是既复杂又变化多端的，组合不好就会产生繁杂凌乱的感觉。因此，我们要善于在色彩组合的冷与暖、明与暗、鲜与浊等倾向中，分析并抓住其主要倾向，以便把握好主要基调。

四、时尚化妆形象塑造与色彩

1. 色彩是形式美的要素之一

一切美都要求与形式相统一，而在自然美中，则侧重于形式。自然的形式往往给人以鲜明的印象，激起人们强烈的美的感受。人体美基本上属于自然美，是自然美的最高表现形式。从狭义上说，形式美是指构成事物外形的特质材料的自然属性（色、形、声、韵）及其组合规律（如整齐、比例、对称、均衡、反复、节奏、多样的统一等）所呈现出来的审美特性。对于人体而言，色彩是最具有审美意义的要素，可以传达或获得某种带有感情意味的属性。

精明的美容师，在顾客进入美容室时亮起蓝色的灯，而在顾客美容后，亮起粉红色、黄色的灯，这是美容师在利用色光的表现性为其美容效果服务。

因为色彩具有强烈的表情性，色彩在瞬间可使审美主体作出生理和心理反应，所以色彩是审美特性的本质所在。色彩的表情性包括色彩的兴奋与沉静、暖感与冷感、活泼与抑郁、华丽与朴素等情感因素，这些心理效应通常与人对色彩的联想及色彩的象征有关，如红色热烈而兴奋，黄色明朗而欢快，蓝色抑郁而悲哀，绿色和平而稳定等。红黄是暖色，蓝绿为冷色，显然不同的色彩或用不同色彩的光线照到人身上，会产生截然不同的审美感受和审美效果。

2. 色彩与时尚化妆造型的形象美

在时尚化妆设计中，时尚元素的色彩选择、色彩与肤色的协调，整体色、化妆色与服饰色彩的相互影响、彩妆色彩与环境色彩的相互影响等，无一不与造型的形象审美有极大的相关性。色彩设计的缺陷甚至能影响人的外部形态，从而影响形象中主要属性的完美，导致整体形象设计失败。比如一张洁白细腻的脸，出现一小块粉底不均匀的淡褐色斑块，必然会破坏容貌的整体美感，而减弱褐斑的遮瑕力度，或缩小褐斑颜色与正常肤色的对比度，都可以改善容貌，取得较好的修饰效果。

当人们看到某种色彩时，常会将这种色彩与生活环境或有关事物联想在一起，这种思维倾向称为色彩的具体联想或抽象联想。色彩的抽象联想属于比较感性的思维，有时也会偏向于心理的感觉。色彩心理辐射的具体心理效应详见《时尚形象设计导论》一书。

3. 不同个体心理感受的差异

色彩的情感效果是色彩对于人的眼睛的刺激作用给人留下的印象所产生的象征意义和情感效应，这是众所周知的事实。但不同的个体，由于年龄、性别、职业、文化层次、内涵修养、性格特点和审美能力的不同，所得到的心理感受也可能有差异；不同的环境、人际交往氛围也都可能影响人的心理感受。无论是对于色彩的具体联想抑或是抽象联想，都会受到思维能力、个人经验、知识面的影响；随着年龄的增长、思维的增强和受教育程度的提高，抽象联想较之具体联想会有增强的趋势。

色彩对人们的心理影响很明显。我们通常认为暖色调服装能使人兴奋、精神抖擞；冷色调服装易让人感到心情平静舒坦；而浅蓝色对微丝血管破裂的皮肤或肝气郁积的人有益处，紫色对妊娠妇女有镇静作用等，这里不再赘述。

五、灯光与化妆色的关系

灯光是影视艺术最原始、最基本的表现手段，物体本身的色彩会随着光源色的变化而变化，光源色是构成一切物体色彩的决定性因素。因此，在时尚化妆中，化妆色彩也会在一定光源照射下显现一定的明显效果，化妆的色彩效果是妆色与光色融合的产物，光是直接影响化妆色彩效果的重要因素。所以，我们有必要在学习化妆之前先了解一些有关光的相关知识。

影视灯光的照明，其特点是讲求还原客观自然光效，追求光效真实性、合理性及与摄录设备的协调性。

1. 色光

各种颜色的光与颜色一样，可以任意组合，组合之后形成的另一种颜色的光，叫色光。但与人眼对颜色的感光反应不同，色光呈现的是一种加色混合，并且很大程度上取决于每一色光的不同效果，例如红光可以消除红色（或者从理论上说可以形成白色），而绿光几乎可以使红色变成黑色。

我们已经知道，三原色是红色、绿色、蓝色，三原色等量强度混合后，可以形成白色光（复合光）。而在化妆时，需要充分考虑灯光与化妆色、服装色、肤色以及场景色、道具色等的诸多要求，其中最主要的是灯光与化妆色的混合，不同的灯光（包括顶光、侧光等）可以极大地影响化妆效果。

照明灯光的光源色与化妆色之间的变化关系，参见表4－1。

表4－1 照明灯光色与化妆色的变化关系

效果 灯光 / 妆色	红 光	黄 光	绿 光	蓝 光	紫 光
红	变暗或消色	红 色	极 暗	变暗或黑	淡化至浅红
橙	变光亮、淡化	略淡或失色	变 暗	极 暗	变亮或淡化
黄	泛 白	泛白或失色	变 暗	变为淡紫色	变为品红
绿	极暗或很黑	变暗至深灰	变为浅绿	变光亮、淡化	变为浅蓝
蓝	变暗至深灰	变暗至深灰	变为墨绿	变为浅蓝	变 暗
紫	变暗至黑色	变暗近乎黑	变暗近乎黑	变为淡紫色	淡紫或苍白

在化妆中，要注意灯光色对化妆色的影响，只有灯光色与化妆色密切配合，才能使妆面趋于理想。妆面上的黑色、灰色与棕色几乎在任何光线下都不会改变颜色。

2. 服装

“服装越深，化妆色显得越亮。”服装能在很大程度上影响化妆的色彩和感觉。

一般来说，柔和的灯光布局下，浅色服装或亮背景时，妆色宜淡；服装色彩较深、背景较暗，或灯光布景比较硬、比较亮时，妆色宜深。

服装上一些闪亮的金属片、小圆片或珠宝等能够发出光辉亮泽的饰品，常常会形成比较强的反射面，引起强烈的光感应，在荧屏上或强烈的灯光下有时很难控制，在化妆时应当引起重视。

黑色服装在荧屏上会产生平调效果；白色服装则会产生刺目的闪光；照明设计时必须谨慎才能表现出色彩的色调和层次，这些因素会影响整个场景内的反射率或引起色偏移，化妆师也必须充分考虑这些影响因素。

六、化妆色彩的实际应用

1. 两大色系的配色

配色是指将两种以上色相的色彩排列或混合在一起，以期达到最佳的视觉效果。

（1）粉红色系　表现稳重、端庄（见表4－2）。

（2）黄色系　表现年轻、活泼（见表4－3）。

表4－2　粉红色系配色表

（日光灯下、阴天、雨天，采用粉红色系效果较佳）

服装	眼影	腮红	口红
白	蓝＋白	砖红	枣红、玫瑰红、粉红
	紫红＋白	紫红	紫红、桃红、
	粉红＋蓝	桃红＋砖红	玫瑰红、桃红
	蓝＋砖红	砖红	大红、暗红
黑	金＋黑	深砖红	紫红、暗红
	深蓝＋砖红	砖红	豆沙红
	深蓝＋黑	深砖红	枣红、鲜红
	白＋黑	深砖红	紫红、暗红
蓝	蓝	砖红	玫瑰红
	蓝＋粉红	桃红	紫红、桃红
	蓝＋咖啡	深砖红	豆沙红、玫瑰红
	蓝＋咖啡	砖红	暗红、紫红、大红

续表

服装	眼影	腮红	口红
灰	深灰＋砖红	砖红	枣红
	蓝灰	深砖红	玫瑰红、枣红
	灰＋黑	深砖红	紫红、暗红
红	红＋蓝	砖红	大红、暗红
	红＋黑	深砖红	鲜红、玫瑰红
	蓝	砖红	大红、深红
粉红	粉红＋紫红	桃红＋紫红	桃红、紫红
	紫红＋蓝	紫红	玫瑰红、粉红
	粉红＋绿	桃红	桃红、紫红
	桃红＋蓝	桃红＋紫红	紫红
紫	紫	紫红	紫红、玫瑰红
	紫红＋绿	紫红	桃红

注：表中配色数据摘自参考文献2。

表4—3　黄色系的配色效果

（白炽灯下、阳光下，采用黄色系效果较佳）

服装	眼影	腮红	口红
黄	绿＋金黄	深橘红＋砖红	豆沙红、鲜橘红
	绿	砖红	豆沙红、暗橘红
绿	砖红＋墨绿	砖红	豆沙红、橘红色
	绿＋金黄	砖红	鲜橘红、暗橘红
橘红	橘红＋绿	砖红	橘红色
	绿	深砖红	豆沙红、橘色
米	咖啡色＋米色	砖红	豆沙红
	绿＋咖啡色	砖红	豆沙红、暗橘红
咖啡	米色＋咖啡色	咖啡	豆沙红
	金＋咖啡色	砖红＋咖啡色	暗橘红
金黄	金＋黄	砖红＋咖啡色	鲜橘红
	金＋绿	砖红	鲜橘红、豆沙红

注：表中配色数据摘自参考文献2。

2. 妆色与肤色搭配的技巧

（1）肤色偏白者妆色与肤色搭配　肤色偏白的女性化妆时可选择多种色系，视具体情况而定。例如肤色白里透红，基础底色可用略带淡粉色和乳白色的粉底，眼影、腮红、口红可选用粉红色系，如粉红色、粉紫色、淡玫瑰色等；肤色白中带黄的女性可选择象牙色、米色作底色，眼影、腮红、口红可选择桃红、浅西洋红色等。

（2）肤色偏黄者妆色与肤色搭配　此类型女性化妆时可选择黄色的对比色，即先用紫色作为妆前抑制色。可以在使用淡紫色的粉底露或粉底霜矫正肤色后，再使用适合黄肤色的正常基础底色，使偏黄的肤色得以矫正。

（3）肤色偏暗、偏深者妆色与肤色搭配　此类肤色者可选用小麦色、暖象牙色或浅暖褐色作为基础底色，或者选用浅紫色作为妆前抑制色，根据“同类色并列起柔和作用”的色彩原理，选择能增加皮肤光洁度及透明度的色彩。这类皮肤忌用偏冷、偏白的粉红、粉白色色系。

（4）两颊有红晕者妆色与肤色搭配　此类女性可选用淡绿色或淡紫色的粉底露作局部抑制，再使用正常的基础底色，使皮肤呈现透明洁净的感觉，此类选色主要是利用色彩的补色原理。

3. 妆色与脸型搭配的技巧

（1）脸型偏小者的妆色选择　此类脸型女性应选用浅色系、明亮色作为基础底色，可使脸型产生扩大、明朗的感觉。

（2）眼睑肥厚者的妆色选择　此类女性可选用深褐色、驼色、烟蓝色、褐紫色涂抹上眼睑的眼球部位，改变肥厚感觉；也可以用勾线的手法准确地表现出上眼睑沟的位置所在，使眼部凹凸结构明显。同时应用色彩明暗原理，以略带光亮的浅白色将眉骨部分提亮，达到消除眼部肿胀感的效果。

4. 妆色与年龄、性别、季节、个性配合的技巧

（1）妆色应与年龄相吻合　例如儿童与青少年性格活泼、开朗，大都喜欢红、蓝、绿色等纯度较高、色相鲜明的色彩，所以可尽量运用浅色系，如金黄、粉红色系等；口红可用粉红色系，如粉红、粉橘色等。中年人性格趋于成熟，可用较深、较雅致的色彩，给人以醒目、成熟、秀丽、端庄、自信的感觉。年长者一般喜欢灰蓝、灰黑、棕褐色、暗红、暗紫色，给人以成熟、庄重、稳健的感觉；年长者妆色不宜过分鲜嫩。

（2）妆色与性别的协调　女性心理特征一般属于情感型特质，具有美感直觉性，即当美的事物出现时，可以立即得到美的感受，一般事前并不经过一定的谨慎思考和推敲，就

可以在瞬间产生美的感受。这是由女性性格——温柔、典雅、浪漫、重直觉所决定的。因此，女性妆色应以明快、艳丽或柔美的色调为主。男性大多属于理性思维，应当给人以沉着、稳健、智慧、阳刚或儒雅的感觉，因此，其妆色应选择稍稳重的暗色系或中间色系，妆色不宜太明快，应充分展示男性稳健或阳刚的魅力。

（3）妆色与季节协调　不言而喻，倘若严寒中着冷色调妆色，将使人感到更加寒冷，所以一般春天应以浅黄、粉红色系为主，象征明快、活力、青春，充满勃勃生机；夏天应以黄色、青色、绿色、蓝色、象牙色为主基调，较为协调；秋天则以橙色、金色为主妆色，与自然环境相呼应；冬天则应以暖色调为主，给人温暖的感觉。

（4）妆色应与个人的内在气质相适应　清纯可爱者可选用粉色系，忌浓妆和对比强烈的色彩；高雅秀丽温柔者可选择玫瑰或紫红色系，眼影尽量不用对比强烈的颜色，以咖啡色、深灰色为宜；华丽、娇媚者可选用大红色，眼影可采用强烈对比色，如用深绿或蓝色作为眼部化妆的强调色。

第二节　形式美学与时尚化妆

一、形式美学的基本属性

所谓形式美是指自然物的一些自然属性，如色彩、线条、声音等，在一种符合规律的联系中所呈现出来的那些可能引发美感的特性。形式美指客观事物外观形式的美，也就是美的事物的外在形式所具有的相对独立的审美特性。人在长期的社会实践中，按照美的规律塑造事物的外形，使其表现为具体美的形式，如构成事物外形的物质材料的自然属性（色、形、声）以及其组合规律（如整齐、比例、对称、均衡、反复、节奏、多样的统一等）所呈现出的审美特性，通常说人体形式美是指人体的色、形、韵三要素所呈现出来的审美特征。

时尚化妆造型师要充分把握人体形式美法则，紧跟时尚潮流，这样才能创作出优秀的时尚造型作品。

1. 色彩与线条

（1）色彩的表情性　如上节所述，色彩具有强烈的表情性，包括色彩的兴奋与沉静、暖与冷、活泼与忧郁、华丽与朴素等，通常与色彩的联想与象征意义有关。色彩的表情性是其审美特性的本质所在。例如在人体皮肤上出现有别于正常肤色的各种斑痣，因其颜色与正常肤色不协调，所以可能破坏或增加人体的形式美。

（2）线条的形态与情感性　在人体形式美中，线条的形态与情感性有关。生活中，人们常从实物的轮廓或不同方向的转折中抽象出线条来，使其成为造型艺术的重要因素。例如：直线表示力量、稳定、生机、刚强；曲线表示优美、柔和、流畅，给人以运动感；折线表示转折、突然、继续……各种线条有规律地组合，呈现明显的情感意味。欧美国家的一些女性，为追求曲线的优美柔和，把直鼻梁改为曲线形式，以图从气质形态上区别于男性的阳刚之气，从而突出女性温柔的性格特征。

人体各部分的外形线条都是以平滑的曲线相互连接的。现代美容外科大量采用的隆乳术、隆鼻术、重睑术、吸脂术等都是为了满足人们对人体形态美的追求。整形外科医生利用点、线、面、体等抽象形式组成的要素，并根据其在美学中的审美特性，使这些要素成为维护和重塑人体形式美的重要内容。

2. 人体容貌与形态美

人体的形态美具体表现在容貌美、肉体美、姿态美、声音美等方面。

（1）容貌美　容貌美即人体面容五官长相的端庄秀丽美，是人体美最重要的组成部分。构成容颜美丽的因素不仅体现在头发的色泽与质地，头型、脸型、肤色、五官的形态以及以上诸因素的完满和谐统一上，还体现在人的精神状态、气质风度等肢体语言（动态与静态语言）这些内在健康方面。

（2）肉体美　肉体美主要由皮肤的细腻、光滑、湿润、柔软、细嫩、透明程度，筋骨结实、弹性的健美程度，体型的强壮或曲线优美程度，以及人体的立体美感、质感和量感等诸方面因素的和谐统一构成。

（3）姿态美　人体的姿态美包括卧姿、坐姿、立姿、蹲姿等静态的姿态美，走姿、跑跳等动态的姿态美，运动中形体变化和动作协调以及运动中的生命活力美等。

（4）声音美　声音的美学效果是不言而喻的。时尚形象设计除了研究人体对音乐的感受，并利用这种感受来改善人的身心状态以外，还很重视研究人体自身发音所产生的美学效果。拥有一副悦耳动听的嗓音往往可以产生让人意想不到的效果，所以形象设计非常重视维护和重建人体发音器官及其功能，并将声音列为仪态美的一个重要组成部分。

3. 有序组合

有序组合是形式美的重要组成部分。形式美是人们最普遍、最直接地感受到的一种美，这种美是事物的自然属性，是自然规律的表现。在人体美学中，一些组合规律主要是指匀称和比例、对称与均衡、反复与节奏以及其在总体组合中的协调统一。形式要素之间的匀称和比例，是人在实践中通过对自然事物的认识而总结出来的。万事万物的形式是丰富多彩的，但形体的比例、对称等形式却未必是多种多样的，构成形式美的物质材料——机体各个部分必须按照规律有序地组织起来，才能具有一定的审美特性。

一名优秀的化妆师，一定要充分认识人体形象美与形式美法则，并将它们很好地有序组合，融于自己创作的作品中，取得最佳的审美效果。

二、形式美原则与人体造型艺术标准

时尚化妆设计除注重色彩、形态、声音、韵味等要素外，还要紧跟时尚潮流，必须将最新的时尚元素和“形、色、声、韵”（我们把这些归于人体物质材料范畴）依照一定的规律有序地组合起来，才能使人获得最佳的审美感受。这些物质材料的组合规律，就是追求形式美应遵循的原则。

那么，哪些属于人体的物质材料呢？

人们在评价美、审视美的过程中，总会自觉或不自觉地运用某种尺度去衡量、审视对方，这种用以衡量的标准就是审美标准。这种审美标准也是化妆造型艺术的标准。千百年来，人们通过漫长的社会实践，对美的评价形成了一些共知、共识，例如：身高、体重、肤色、人体比例、黄金分割律等，这些统称为人体的物质材料。分述如下。

1. 人体比例

人体比例是形式美的因素之一。所谓人体比例就是指人体各部分之间的对比关系，或者说用数字来表示标准人体美，并根据一定的基准进行比较。一般美的形体，其各部分之间常有一定的比例，在审美程序中比例的实质是让对象形式与人的心理经验形成一定的对应关系。当一种艺术形式加上内部的某种数理关系，与人在长期实践中接触这些数理关系而形成的快慰心理经验相契合时，这种形式就可被称为符合比例的形式。

早期古希腊标准人体比例是，面长的10倍或头长的7～8倍为标准身长；在埃及，人们则把中指的19倍或鼻高的32倍视为标准身长。目前人们公认的是头长的8倍等于身高，如果不符合这一比例，人体就会显得不协调。

2. 黄金分割律

黄金分割律是人们发现的广泛存在于自然界和艺术中的形成美感的最佳比例关系，即事物各部分间的数学比例关系，长段：短段的比值符合或接近1：1.618的比例，或者说短段与长段的比为0.618时为最美。著名画家、解剖学家达·芬奇通过研究证实，人体中有许多部分的比例符合黄金分割律，这种比例关系构成了人体美的基础。例如：健美之人的容貌和形体结构中共有18个“黄金点”（一条线段之短段与长段之比为0.618或近似值的分割点）；15个“黄金矩形”（宽与长之比为0.618或近似值的长方形）；6个“黄金指数”（两条线段，短段与长段之比为0.618或近似值的比例关系）；仅鼻子就有3个“黄金三角”（外鼻正面观、外鼻侧面观、鼻根和两侧口角组成的三角形）。人体的黄金指数有上下肢指数、目面指数、鼻唇指数、唇目指数、上下唇高指数、切牙指数等，均接近0.618。这里不再赘述。

3. 平衡

平衡是形式美法则之一。平衡一般表现为三种形式，通过这些形式，在不对称组合变化中求平衡，使人产生对称均衡感，体现“多样统一”的美学基本法则。

（1）对称平衡　指以中轴线为准而分成相等两部分的对应关系。

（2）重力平衡　类似于力矩平衡中，较重的物体比较轻的物体更靠近支点而保持力的平衡。

（3）运动平衡　形成平衡关系的两极有规律地交替出现，处于动态平衡中。

4. 参差

参差也是形式美法则之一，是指事物形式因素的部分与部分之间既变化又有秩序的组合关系。其特点是有整有乱，乱中见整，形成不齐之齐、无秩序之秩序。参差是在交错变化中按照一定章法使主次分明、错落有致，以形式的参差表现整体的内在的和谐统一，避免单调乏味。通过对比和主次关系的分辨才能显示出参差，只有在参差中才表现出融洽、协调的趋向，从而体现内在的和谐统一。主次、对比也是形式美的法则之一，这一般在化妆妆色、服色、服式及发型设计中比较多见。

5. 整齐一律

整齐一律与参差相对，是指事物形式中多个相同或相似部分之间重复的对等或对称。例如成排的树木、楼房让人产生整齐一律的感觉，从而给人一种稳定、庄重、威武、有气魄、有力度的美感。如肤色与化妆色调的一致、唇膏与指甲油色调的一致、服饰与发型的统一等，都能得到整齐一律、整体感较强的效果。

6. 多样统一

多样统一也称和谐，融变化于整齐，既包含量的差异统一，又包含质的差异统一。和谐作为形式美规律，包含整齐一律、平衡对称、差异统一等形式规律。人体的形有大小、方圆、高低、长短、曲直；质有刚柔、粗细、强弱、轻重；势有疾徐、动静、聚散、抑扬、进退、沉浮……所有这些完全对立的因素能够完美地统一在一个具体的人体上，便形成了多样化统一的和谐。

这是一个多么令人难以置信的事实！正是这些因素，让我们不得不惊叹于造物主的神奇与惊人的力量。

7. 形式美原则中的整体性原则

在化妆设计的形式美原则中，最重要的是整体性原则。整体性必须通过丰富的多样性、完美的变化性来表现，它不是在理论上将上述形式美的各元素机械相加，而是各部分之间通过多样统一的组合达到内在和谐。

例如，有时候我们单独去看某些人的局部器官，是匀称的、合乎比例的，但从总体来看并不美；同样，有些人孤立的某一部分并不怎么匀称，也不太合乎比例，但从总体上看，其长相并不难看，甚至很“耐看”，具有很强的“可视性”。这就是说，在用匀称、比例的标准衡量人体时，还必须从整体的角度加以考虑，注意总体组合中的和谐。

比如有些人硬要在自己亚洲人的脸型上做一个欧式的鼻子或文一对欧式眉毛，结果中不中、洋不洋，让人看了很不舒服；又如有的人原来眼裂较小，却要做一个长长的双眼皮，于是眼睛更小了，影响了整体美观等。

形象设计与时尚化妆造型都是一项整体工程，遵循形式美的整体性规律、强调整体效果始终是我们应遵循的要旨。

思考题

1. 简述色彩美学与时尚化妆的关系。
2. 简述形式美学与时尚化妆的关系。

第五章

基础化妆

本/章/重/点/与/难/点/提/示

一、重点

1. 妆前准备与标准化妆程序。
2. 基面妆与点化妆。
3. 骷髅妆。

二、难点

1. 熟练掌握基面妆与点化妆。
2. 熟练掌握骷髅妆。

学习化妆，首先要学习美，懂得欣赏美（美和人体审美及时尚形象设计的造型原理请参照《时尚形象设计导论》）。化妆中的美学设计包括形式美学和色彩美学两大部分。

第一节　色彩美学与时尚化妆

时尚化妆是美化形象的一个重要手段，利用各种时尚元素对整体形象进行艺术修饰处理，旨在弥补和修饰自身缺陷，发扬优点，努力发掘自身潜在的魅力，使整体形象更时尚、动人。时尚化妆的成功不仅取决于彩妆化妆品的科学选择和搭配，也取决于化妆师娴熟的手法和技巧，化妆师对时尚潮流的理解、对色彩原理的形式美法则的科学运用，以及具备利用模特个人的自身条件，将个性、气质、肤色、脸型、发质、身高、年龄、职业等因素作为一个整体来构思的设计能力。

总之，在时尚化妆中，要突出形象最美的地方，使其更美，同时巧妙地弥补形象中的不足之处，得到天衣无缝的效果，这便是我们所追求的化妆境界。

本章将讨论基本的化妆理论，以及各种脸型、五官的基础化妆技术。

第二节　妆前准备与标准化妆程序

一、妆前准备

1. 化妆工具的准备

化妆套刷：大刷、小刷、海绵刷、眼影刷、小圆硬刷、小扁硬刷、扇形刷、眼线刷、眉刷、眉梳、唇刷。

其他化妆工具：眉笔（灰色、棕色）、眼线笔（黑色、蓝色）、各色唇线笔、化妆海绵、大粉扑、小粉扑、海绵扑、睫毛钳、美目贴、卷笔刀、假睫毛、化妆箱等。

2. 化妆品的准备

化妆水、保湿日霜、隔离霜、护唇膏、湿粉（提亮湿粉、阴影色湿粉、正常肤色湿粉）、粉底霜、修颜液、修容饼、散粉（密粉）、粉饼、高光色、各种口红、各种眼影腮红、眼线液、睫毛膏、指甲油、卸妆油、睫毛胶等。

3. 洁面

化妆前要彻底清洁皮肤，可用洗面奶、香皂等洁面，并用清水拍打、冲洗干净，以除去皮肤表面已经老化脱落的上皮细胞、皮脂腺分泌的皮脂、汗液、尘埃、细菌等污垢，否则不仅会使皮肤受到损害，而且妆面也易脱落、不持久。

若条件允许，可先用热蒸气远距离喷面部5～6分钟，使皮肤充分保湿，经过这种处理的妆面会更加清新自然，妆面效果会更好。

4. 保湿

保湿是妆面透明润泽的基础。上化妆水、保湿性面霜、隔离霜时一定要按照步骤充分、足量涂抹，必要时需要涂2～4遍保湿霜，直至皮肤手感湿润、有黏黏润润的感觉，这样可以避免定妆后出现皮肤干燥、妆面裂纹现象。保湿工作做得好不好，直接关系到妆面是否能够取得薄而清透的效果。

目前，韩国流行在化妆前让模特先做一次皮肤护理，让皮肤充分保湿，这样即便是画很淡的妆，看起来也会得体自然、细腻漂亮，得到使妆面更加透明亮丽的效果，这是一个很有效的方法，具体做法如下：

（1）护肤　先用热毛巾敷脸，使毛孔打开，然后做面膜。

（2）面膜　面膜可以有效去除面部多余皮脂，防止皮肤代谢物堆积，导致毛孔越来越粗大；面膜最好选用市场上现成的保湿面膜或软膜。在面膜缺乏或使用不便时也可选择以下应急措施：用较多的保湿面霜在面部涂上厚厚一层，保留15分钟，然后用面巾纸轻轻擦去，即可上妆。这是一个不错的清洁面部的应急措施。这样处理后，皮肤质感会非常好，化妆时很容易推抹。

（3）补水　上化妆水或保湿水时，最好用在冰箱里冷藏的化妆棉（或用一次性面巾纸）蘸上充足的冷藏化妆水，涂满全脸，轻轻拍打，既可充分补水，又可达到收缩毛孔、镇静皮肤的目的。

二、妆前注意事项

1. 注意事项

（1）选用不同品牌的乳液、面霜护理面部时，最好选用含有隔离效果的面霜，或使用面霜后单独涂抹一层隔离霜，可最大限度地避免化妆品对皮肤的伤害。

（2）不可用防晒霜代替隔离霜，因为防晒霜的隔离效果非常弱，有效防护时间也较短，且彩妆本身就有防晒效果。

（3）对近距离观赏的妆面（例如日妆）而言，皮肤的质感很重要，皮肤有很好的湿润度才能使妆面服帖，而皮肤的质感除了靠模特自身的皮肤保养及化妆师打粉底的技巧外，很重要的部分就是洗脸和保湿。彻底清洁面部可以降低上粉底后“起皮”“花妆”的几率；保湿充分则可以有效保证妆面的透明质感，防止细小干纹的产生。

（4）不得使用劣质化妆品。化妆品使用得当，可以达到修饰或改善肤色和脸型的目的，但使用不当或使用了劣质化妆品，则不仅起不到修饰作用，还会损伤皮肤。

（5）不能长时间使用同一品牌的化妆品（一般不得超过两年），若长期使用同一个品牌的化妆品，人体皮肤会产生蓄积反应。当蓄积到一定浓度时，可能产生两种反应或后果：一是无效；二是产生抗体或出现敏感现象，形成各种色斑，患化妆品色素沉着症、过敏性皮炎等，进而导致面部皮肤提前趋于老化，影响美观。

下面我们重点讨论化妆品蓄积作用的危害。

2. 化妆品蓄积作用的危害

根据2016年国家卫生部颁发的《化妆品卫生监督管理条例》，一般化妆品的蓄积作用会导致以下反应和影响：

（1）过敏性接触性皮炎　一些化妆品中含有对皮肤有害的化学物质、色素或光敏感剂，这些物质可以造成敏感皮肤的红肿、痛痒等刺激或过敏症状，长久刺激，还会导致毛细血管扩张、皮肤角质层变薄等后果。另外，富含副肾上腺皮质激素的化妆品会导致皮肤萎缩，诱发毛细血管扩张等皮肤炎症。

（2）化妆品色素沉着症　使用一些含铅、汞、砷类有毒物质的或换肤类产品，可以引发化妆品色素沉着症，其症状是两颧上出现黄豆或绿豆大小的褐色斑点，即便使用祛斑产品也不易祛除。

（3）化妆品性痤疮　过分油腻的化妆品会导致或加重痤疮。

（4）肾脏损害　含苯或苯酚、铅、汞、砷类有毒物质的化妆品短期内虽然可以产生祛除色斑的效果，使皮肤变得白皙细嫩，但稍长时间使用不仅会让皮肤变得灰白，失去光泽，严重时还会危害肾脏。例如最近国内外的医学杂志对美白产品常用的化学物质熊果苷引起表皮细胞变性和导致皮肤灰白化的病例均有不少报道。

（5）视神经变性　对于某些香水类化妆品，生产厂家为迎合一些使用者害怕酒精刺激性的心理，违规以甲醇（木醇）代替酒精，长期使用可导致视神经变性。

三、标准化妆程序

标准化妆程序是日常化妆时应该遵循的合理程序。在实际化妆时，可以根据需要和自身习惯做适当调整。

1. 洁肤

（1）用洗面奶彻底清洁皮肤，并用清水将残留的碱性物质完全清洗干净。

（2）使用化妆水或收敛性收缩水收敛毛孔，用保湿霜充分保湿，并且用隔离霜将彩妆化妆品与皮肤完全隔离。

2. 基面妆

（1）选择适当湿粉或粉霜（一般选比自己正常肤色深一个色号），调整面部轮廓结构和统一肤色，使用高光色和阴影色调整面部轮廓（一般使用比正常肤色高2个色号或低2个色号的粉底）。

（2）使用遮瑕膏（霜）修饰面部瑕疵，必要时贴上美目贴。

（3）用蜜粉或散粉定妆，可使妆面洁净透明，持久不脱妆。

3. 点化妆

（1）眉毛　用眼影刷加深眉毛色泽，或用眉笔及眉刷依据脸型、个性画眉。

（2）眼影　选择与服装或发色相同色系的眼影，色彩会比较和谐。眼影类型可以根据出席场合、想要达到的目的做适当调整。

（3）眼线　根据眼形描画上眼线和决定上眼线的粗细形状，下眼线只画到外眼角的1/3处，使眼睛清新、明亮有神。

（4）睫毛　戴假睫毛或直接刷睫毛膏，并用睫毛夹固定，使睫毛翻翘、浓密、加长，增添眼部神采，然后再用眼线笔或水溶性眼线液补画眼线。

（5）腮红　根据脸型轻刷腮红，腮红色泽应与眼影色和谐。

（6）口红　用唇线笔勾画唇的轮廓，并涂上与眼影、腮红相同色系的口红。

（7）定妆　用大扫粉刷定妆，并用修容饼修饰轮廓，结束。

第三节　标准脸型的配置

在化妆设计特别是化妆以前，我们应当以三维立体结构的观点、透视的角度，了解正常人体头部和面部的基本形态特征、标准脸型的配置，例如五官与标准脸型的比例、骨骼凹凸转折结构规律，以及对称、均衡等诸多影响因素，只有这样才能使设计出来的形象遵循“扬长避短、真实自然、整体配合”的化妆原则，使设计的形象更加生动、真实、感人。

一、面部骨骼结构分析

在化妆造型中，观察能力是化妆师必备的素质之一。

化妆前，首先应当观察人的五官比例，准确把握面部骨骼结构（见图5-1），了解五官局部名称及比例关系、脸型与五官比例配合关系，这是矫形化妆的中心环节，因为它是判断人们外部美感的最直观、最主要的特征。

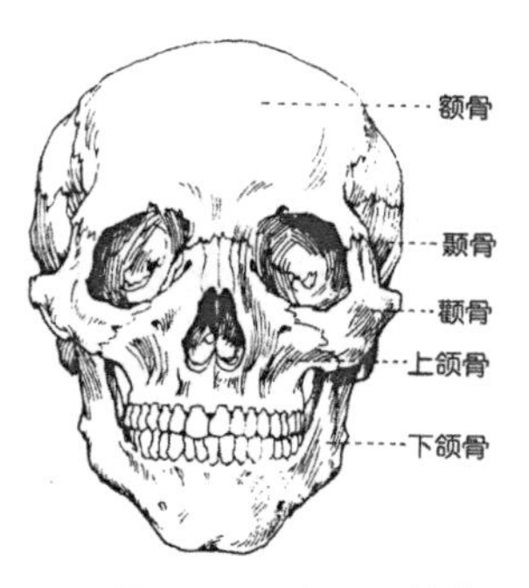

图5-1　面部骨骼结构

形是指物体的形状和体积，凡是具有一定形状、体积的物体都是由朝向不同的面所组成的。结构取决于个体外在形象的内在结构和组合关系。由于世界上人种的不同，人的头颅大致可分为两种：

（1）白种人和黑种人面部鼓突、骨骼转折结构稍大，立体感强，属于长头颅型。

（2）黄种人面部圆润、稍扁平，立体感稍弱，属于圆头颅型。

我们可以将人的头部从总体上立体地看成一个存在于空间的长方体，而面部只是其中的一个面（见图5–2）。经两侧眉峰作一垂直线，称为轮廓线；两条轮廓线之间称为内轮廓，两侧面称为外轮廓。

这样，面部骨骼的转折结构（见图5–3）就很清楚了：以鼻中线为基准线的一个面，是整个面部的最高点，也应当是受光面最亮的区域，因此可以称之为“提亮区”；基准线两侧是面部的次高点，例如两颧骨上也应当是受光面比较亮的区域，我们称之为“次亮区”；两侧颧骨正是内外轮廓交界处,也是受光面的转折区；而整个外轮廓当然也就是受光面最弱的区，称为“阴影区”。因此，我们画结构妆特别是画“裸妆”时，可以利用面部受光面不同的特点，强调面部凹凸转折结构，也就是强调皮肤提亮区和阴影区的作用，让人物造型更具有立体感。

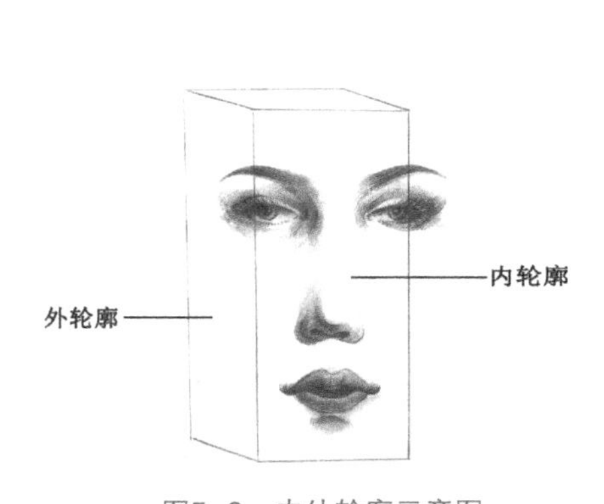

图5–2　内外轮廓示意图

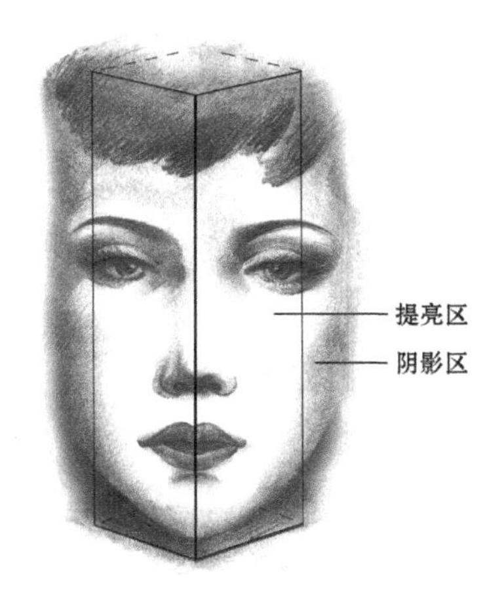

图5–3　面部骨骼结构分析

人的面部是由许多不规则的骨骼构成的，各骨骼又附着肌肉、脂肪和皮肤（见图5–4），因此形成了不同的角度转折、弧面转折、凹凸转折等。

我们还可以从侧面以三维立体角度去观察人的头部骨骼结构：我们可以将人头部颧骨以上部分看成是一个半圆体，而将颧骨以下部位看成一个梯形体；或者还可以细分，将上眼眶以上部分看成一个半圆体，而将下眼眶至颧骨以上部分看成一个长方体，将上颌骨看成一个圆柱体，下颌骨看成一个梯形体（见图5–5）。

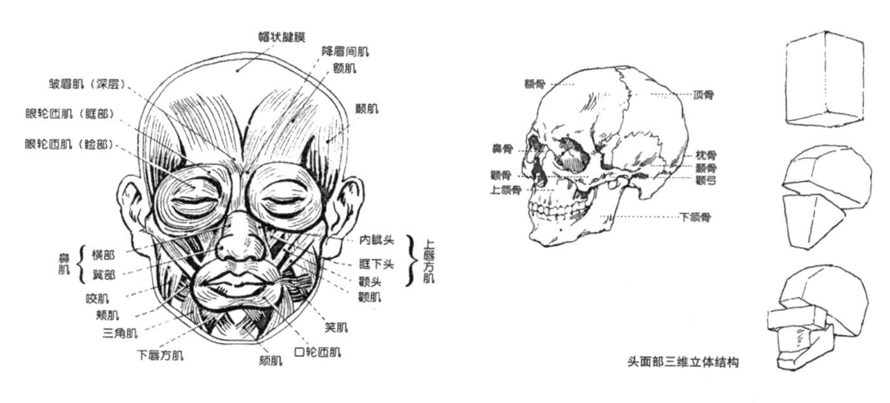

图5-4　面部肌肉组织

图5-5　头面部三维立体结构

判断脸型主要是看脸部的外轮廓，判断五官比例关系则看五官在脸部的分布比例情况，而最为主要的是脸型与五官之间的互相照应的关系是否协调统一。

认识面部骨骼与肌肉的长势与转折结构情况，我们可以依据标准的面部比例关系，利用色彩的色性，运用形与色的造型原理及其产生的视错觉，对面部不足部分或需要改善的部位进行适当的修饰，突出面部的转折结构，将扁平、圆润的面型塑造成立体感很强的面型，达到整体美的造型效果。

二、三庭五眼

我国古代医书上曾有“三庭五眼”的理论，古人认为，天庭饱满、地脚方圆的脸型是大富贵之相，是标准的脸型；椭圆脸型是由五官的比例结构所决定的，比例和谐的五官一直被公认为最理想的“美人”标准。椭圆且成比例的脸型是艺术家着力想表现的理想面型，也是做脸部矫正化妆的依据。“三庭五眼”是对脸型精辟的概括，对面部化妆具有重要的参考价值。事实证明，“三庭五眼”的比例完全符合东方人面部五官外形的比例关系。因此，化妆之前，必须先了解脸型和眉毛、眼睛、鼻子、嘴唇的基本位置，并依照标准五官的理想位置，再结合自己的个性，修整出理想、端正的容貌，使化妆达到更完美的境界。化妆时强调个体原本较突出的五官而掩饰不太漂亮或不成比例的部分，并根据脸型与五官决定其最适合的妆型，美容学上称之为美颜修正。

在测量五官比例时，必须先定出脸部中央线，或叫基准线（即以鼻尖正中为正中点画出的上下延长线），并将脸部分为多个区域，以此决定五官的理想位置。详见“三庭五眼”的配置（见图5–6）。

1. **横分“三庭”**

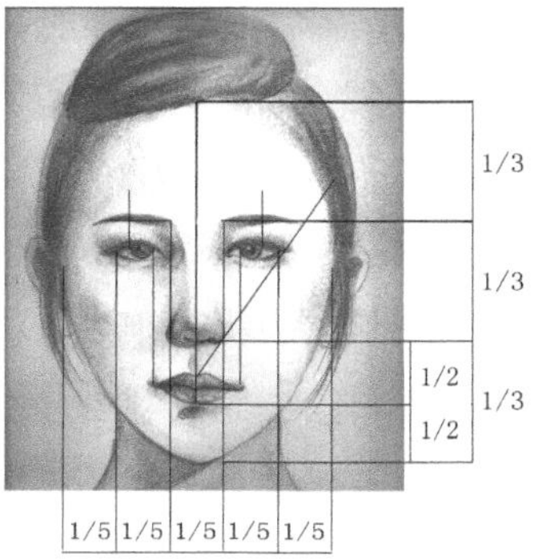

（1）额头发际线至眉头为上庭，占脸长的1／3。

（2）眉头至鼻头为中庭，占脸长的1／3。

（3）鼻头至下巴为下庭，占脸长的1／3。

图5-6　“三庭五眼”的配置

2. **直分“五眼”**

（1）以眼长为准，将脸宽五等分，每一间隔可放置一眼长。

（2）左内眼角与右内眼角之间为一眼，占面宽的1／5。

（3）左右内眼角与外眼角之间各为一眼，各占面宽的1／5。

（4）左侧外眼角至左右发际线各为一眼，各占面宽的1／5，右侧同理。

3. **鼻子、嘴唇与下巴之间的标准宽度（第三庭分区）**

（1）由鼻侧至下唇为第三庭的1／2。

（2）由下唇至下巴为第三庭的1／2。

4. **嘴唇之标准宽度**

平视前方，两眼球内切线的延长线为标准嘴唇的宽度；或以中央线为准，由鼻中心斜45°角的两延长线上。

5. **眼睛与嘴唇的标准位置**

（1）由发边至眼尾为1／2。

（2）由眼尾至嘴为1／2。

第四节　骷髅妆

由于化妆妆面和造型都离不开面部形态，而面部形态又与面部骨骼分不开，所以画骷髅妆需要对人的骨骼结构有足够充分的了解和认识。只有全面了解、熟练掌握面部骨骼及肌肉的结构特点，才能运用色彩与化妆技法来准确表达妆面造型构思。骷髅有助于我们熟练掌握人体骨骼的三维立体结构，因此，它被称为个性时尚化妆的基础课程。

所谓骷髅妆，就是将脸部用戏剧油彩画成骷髅的形状。骷髅妆与时尚和甜美风格的强烈冲突会给人留下深刻印象，同时又不失俏皮可爱。近来的骷髅妆呈现出越来越可爱的特质，像Hello Kitty那样戴上蝴蝶结的骷髅妆，变成了有趣的大众符号。2009年，在某一知名化妆品牌的时尚发布会上，以骷髅妆作为发布会的主打妆容引起了全场轰动。如今，骷髅形象与骷髅妆容作为一种另类的时尚潮流，被个性时尚的前卫人士所推崇。骷髅图腾的邪恶外衣已被完全剥去，时尚骷髅妆增加了唯美的成分，例如不再是单调的黑和白，相应地增加了褐色等中间色成分，并辅以服装或头饰，对人的视觉冲击力相应地减弱，更容易吸引年轻人追寻新奇刺激的目光，更适合具有视觉冲击力的演出或COSPLAY装扮表现。

一、妆前准备

化妆前应事先涂抹充足的隔离霜。最好戴上光头套，并粘贴好头套与皮肤的接缝处。确定用色范围（见图5-7）。

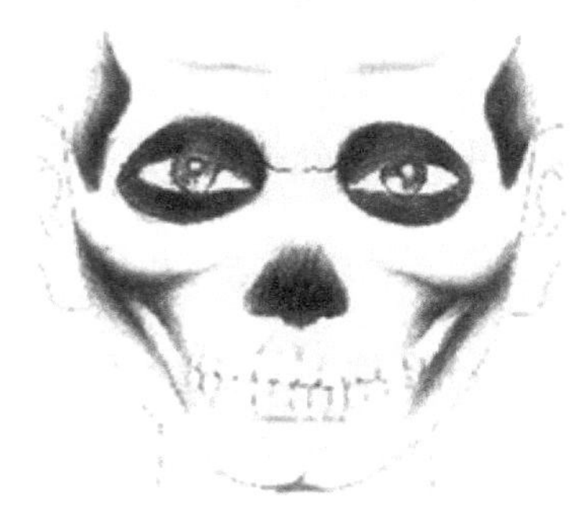

图5-7　骷髅妆确定用色范围

二、化妆步骤一：画线定位

1. 勾线

（1）先找出正中线，通过鼻中线做一条垂直的延长线。通过鼻根部将左右眼睛的内外眼角相连，作一条横向延长线。

（2）根据摸骨找出眼窝位置，并连成眼窝线。

（3）根据摸骨找出鼻部软骨位置，并连成鼻窝线。

（4）根据摸骨找出骨骼位置，用眉笔勾出大体轮廓，如眼眶、颧骨、鼻软骨、牙齿（牙床）等（见图5-8）。

（5）根据摸骨找出上下颌之间的颊窝、牙床的位置，连成颊窝线和牙窝线。

（6）根据摸骨找出颞部软骨位置，并连成颞窝线。

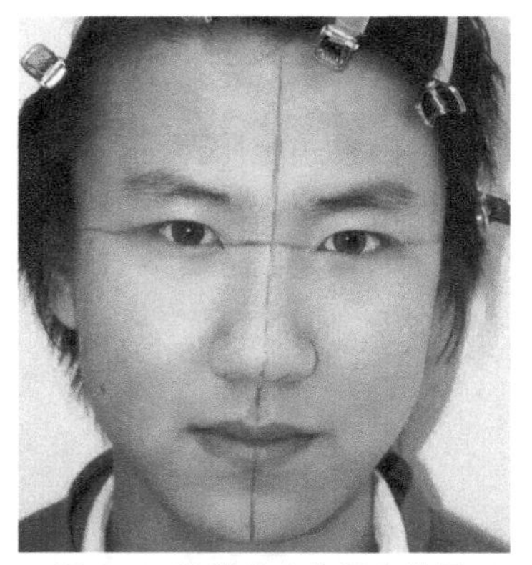

图5-8　骷髅妆确定用色范围

2. 线描

用线描出凹凸结构（见图5-9）。

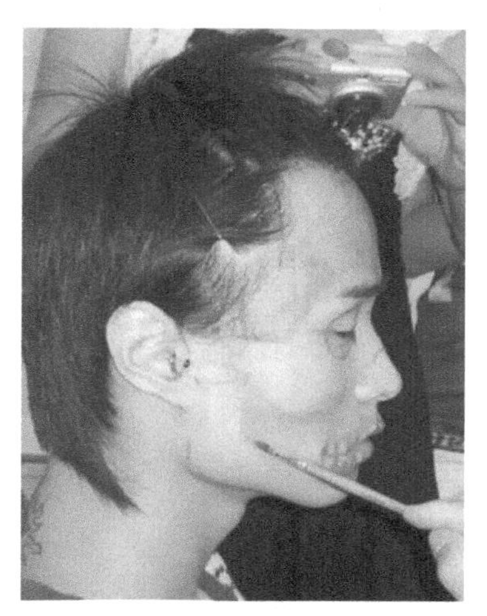

图5-9　骷髅妆　线描凹凸结构

三、化妆步骤二：上色

1. 上色

用黑色或暗棕色画出塌陷部位，眼窝、颧骨弓下陷等（见图5-10）。
其余部位以白色戏剧油彩填充，凹陷部位以黑色或棕色晕染（见图5-11）。

图5-10　骷髅妆 上底色

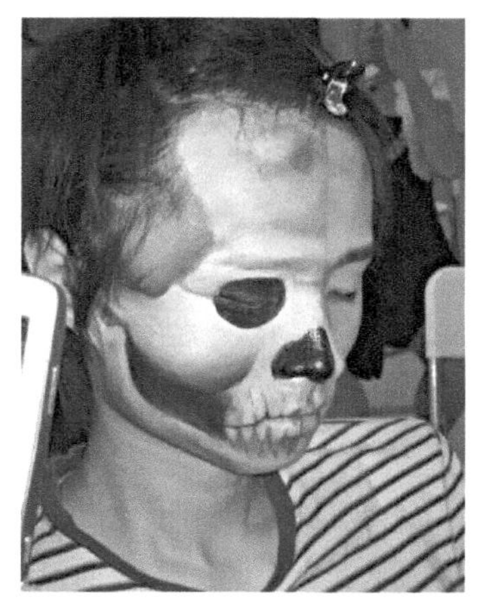

图5-11　骷髅妆 上色晕染

2. 刻画牙齿

注意画出牙根的长度、牙齿的透视，以及牙齿的颗数。

3. 提亮

画出骨缝。

4. 定妆

无须定妆。若带妆时间较长，可以用戏剧定妆法或铅粉定妆，然后用适当的深咖啡色眼影将所有黑白连接处的色彩弱化，增添时尚感觉。

5. 美化

美化效果见图5–12和图5–13。

图5–12 骷髅妆美化

图5–13 骷髅妆完成[①]

第五节 基面妆

基础底妆又称“基面妆”，一般用粉底来修饰、调整、统一皮肤色调，增加立体感，可使皮肤外观有透明感及光洁感。

① 图片来源于网络，特此说明。

一、粉底色的相关知识

1. 色匹配

化妆学中的色彩运用是以三色学说的色匹配规律为基础的。色匹配，就是调配一种颜色，使其和另外的一种给定颜色在视觉上相等。

化妆师的化妆箱里不可能有同一种品牌的所有化妆品，而让一个厂家生产的化妆品与另一厂家的化妆品在色彩上匹配，也是一件极为艰难的事。通过将各种色素与蜡、油脂以及一定量的白色掺和起来，可以形成不同的色浓度，制作出无穷无尽的影调，但在浅色影调的皮肤上再现完全一样的影调，要比在深色皮肤上更加困难，因为有时色彩的浓度会与加入的少量浅色成分相混。譬如，一个厂家生产的橄榄绿色影调和另一厂家的橄榄绿色影调尽管从字面上来看是完全相同的，却可能在色调上呈现出细微的差别，即使费劲地做到匹配，使用高比例色添加剂制成的专业底色，仍然会顽固地显示出其来源类型，特别是一些成分相差比较大的化妆品，其色彩匹配难度会更大。

此外，由于底色材料(如各厂家所采用的蜡和油脂)的不兼容性，即使费尽心机地将所有橄榄色、红色、绿色等统一归入能够囊括一切的标准色图中，这样的做法也至多是一种良好的愿望。譬如，一种类型的橄榄绿色影调要比另一种橄榄绿色影调深，加之其中添加成分的细微差别，涂敷在皮肤上有可能出现完全不同的效果，而且常常与脸上使用的其他同类化妆品无法兼容。因此，最好选用同一厂家生产的专业化妆品系列，如底色、高光色、阴影色和腮红色来完成一次化妆，只有这样才能保证各种颜色以相同的接受程度吸收密粉（在化妆品学中，应写作“密”粉，但市场所售一般习惯称之为“蜜粉”），形成光滑的肌肤质感。当然其前提条件是，所有这些化妆品，如底色、高光色、阴影色和腮红色，是使用相同的蜡和油脂成分（甚至有时需要同一生产厂家、同一批次号）混合制成的，这样才能确保它们在皮肤上的兼容性。

2. 色感知

色感知，简单说来，就是人眼对色彩的感知程度。

化妆师必须经常有意识地训练自己的眼睛，培养起对色彩的敏锐的色感知度，善于辨别各种不同色彩之间的细微差别，对不同厂家所生产的化妆品影调和色彩，尤其是对自己所使用的基础化妆品的色彩成分要有所了解。特别是对于影视化妆来说，由于现代影视摄制系统对于底彩、唇色等色调值的细微变化是极其敏感的，所以生产原料的一致性关系到演员每天的脸部造型是否一致。

例如粉底霜，其基础原料约有8种土色成分，一般土色系列由浅赭色、赭色、暖赭色、焦红棕色、红棕色、铁锈红、煅赭色和赭土色组成。其中有些加入了白色(二氧化钛）颜料，有些则加入少量经特定认可的粉红色或红色(二氧化铁颜料)，以增加红润效果。只有经过如此精心的组合，才能制作出比较专业的基础底色。

注意：判别色彩时一定要在模特皮肤上进行，绝不能在容器内判别色彩。这是因为皮肤和容器吸收看似相同的色彩时，影调的差别可能会很大，而且模特皮肤对化妆品的吸收也不尽相同。因此，当我们选择某一种粉底霜或者眼影、口红时，必须在模特手掌背面进行试色，而不能在自己的手上试色。

二、粉底的选择

1. 粉底的种类

粉底的种类很多，按其形状常可分为以下几种。

（1）液状粉底（湿粉或BB乳、BB霜、隔离乳、遮瑕乳等）

作为一种半液体状霜类粉底乳，几乎没有油分，适合任何性质的皮肤使用，尤其是夏季，使用时不油腻，妆容效果会更好。因其基本不含油分，使用时粉底海绵不宜过湿，用时可用稍湿的海绵轻轻按压，但按压时间不宜太长，否则很容易被擦掉。它是一种很薄的粉底，遮盖力不强，所以无法遮掩斑点、疤痕，只适合皮肤白皙细腻的女性化淡妆时使用。若要化浓妆，需轻轻薄涂2～3次再定妆。

（2）粉底霜（包括隔离霜）

粉底霜遮盖力比较强，油分和蜡分都很适中，延展性、亲水性和亲油性都很好，不油腻，能耐久，可保持6～8小时不脱妆，并且透明感较强，妆容轻薄润泽。其主要成分为高岭土，可以吸收油脂，较适合皮肤健康、弹性较好、色泽明亮、肤质光滑润泽的皮肤四季使用；浓妆、淡妆总相宜。使用时用湿海绵以按压方式涂抹均匀即可。

（3）粉膏

粉膏是一种固体膏状粉底，大多为盒装，亮度较好，有遮盖效果，油脂含量高，不适合油性皮肤使用，尤其是夏天，更不可用。使用时，用取物棒或直接用中等湿度的化妆海绵取出，均匀按压在脸部各处，仔细拍匀即可。

（4）条状粉底

条状粉底由植物油脂、动物油脂及矿物油脂等原料合成，具有很强的遮盖力，并能持久不脱妆，但透气性差，油分较丰富，适合于干性肌肤、寒冷的冬季或隆重场合的浓妆使用。使用时，先将粉条在脸上轻点几点，如在额、两颊、鼻头、下颚等处，再以湿润的海绵轻轻推抹均匀，粉底要上得薄，切忌太厚，否则就会失去透明感。

（5）遮瑕膏（遮瑕笔、遮瑕液等）

遮瑕膏又称盖斑膏，附着力强，掩饰缺陷力度大，不易脱妆，适用于问题性皮肤或肤色不佳时使用，也是舞台、电视、新娘、宴会、摄影等美容师专用粉底，使用时，注意均匀着色，加大按压力度，否则容易脱妆。

2. 粉底的选择

好的粉底不仅能改变皮肤的颜色、遮盖斑点及不均匀的肤色，还可以保护、滋润肌肤，并能衬托出化妆的整体美。粉底的种类很多，需视皮肤性质慎重选择，比如干性或混合性皮肤，较适合用霜类粉底；油性皮肤则适合用液体或无反光作用的湿乳状粉底；一般生活妆选择透明湿乳粉底或粉霜比较好，既不过分夸张，也有一定的遮盖性，且比较容易卸妆。

无论怎样，粉底的选择要与模特肤色接近。一般选用比模特肤色深一号的粉底，看起来自然、贴切。

切忌选用比自己肤色浅的粉底，太白的粉底会有膨胀感，如同戴着假面具一样没有生命力，特别是在镜头前会显得脸部大、胖，看上去很臃肿。

选购粉底时应当在日光下进行，一般颗粒质地细致、容易推抹均匀的为上乘佳品。还应在手背或手腕内侧试涂，观察颜色是否适合模特或自己的整体皮肤质感。如果有粗糙颗粒或不易推散均匀，均属不良产品。粉底放久了也会变质，擦在脸上易长红点或过敏。

另外，劣质粉底中含有大量铅汞，使用后会引起色素沉着、面部产生大量色斑，且长期使用，会使皮肤变得灰白、毫无光泽，所以必须慎重选择，切不可贪图便宜。

（1）皮肤白皙者　应选用粉红色系，可使皮肤显得红润、健康，不要太白，否则会造成苍白、血色不足的印象。

（2）皮肤发黄、发黑、暗哑者　应给人有个性或健康的感觉。先用淡紫色粉底矫正肤色（采用色彩的互补原理），再用深色或褐色系或半透明的象牙色整体涂抹，如此才更能表现出健康的个性美，绝不可使用太白的粉底。

（3）有斑点或痤疮皮肤　先用正常肤色粉底整体薄薄地涂抹均匀，然后用遮瑕膏遮盖斑点或不严重的痤疮（痤疮在化妆前需要先用消炎膏点涂遮盖），但应注意不可看出明显的界线，最后再用正常粉底轻轻涂抹一遍，使整体肤色均匀一致。注意：痤疮严重者禁止化妆。

（4）肤色易发红或微血管破裂的肌肤　此种皮肤一般为敏感皮肤，特征是只要受强光过度照射或受热，面部就会发生红肿或刺痛，局部出现小红点，严重时还会出现水泡。红肿皮肤应避免化妆，可将黄瓜搅碎加麦粉敷面，待红肿消失后再化妆或只作重点化妆（如眉、嘴唇）。

微丝血管扩张者有先天性和后天性两种。先天性微丝血管扩张与遗传有关；后天性微丝血管扩张的皮肤一般是因长期使用不良或劣质化妆品，或者使用不适合自己肌肤特性的化妆品而产生的。其症状是两颊或两颧上发红、鼻部发红、整体面部发红等，有些用肉眼即可看到两颧上有毛细血管浮在皮肤表面，此类皮肤比较容易出现过敏症状。应利用轻巧的按摩手法使血液循环正常后，再用指腹蘸取淡绿色或淡蓝色粉霜调整肤色，然后再上粉底，薄薄地涂抹均匀，使面部富有透明感。

此类皮肤若要化浓妆，可以将轻轻薄薄的粉底（粉霜或湿粉均可）快速涂抹均匀后，尽快定妆，即可达到预期的效果，且不易引起过敏性症状。注意：涂抹手法要轻柔，必要时可以用指腹涂抹。

三、上粉底的技巧

一个好的基面妆（打好粉底），等于一个成功的妆面画好了一半。

粉底可以有效地改善整个皮肤外表状况，使肤质呈现一种透明感及光洁感。要打好粉底，必须掌握以下技巧。

1. 洁面

彻底清洁皮肤是上妆的第一步，可以用洗面奶、香皂、清洁乳等洁面，并用清水冲洗干净，以除去皮肤表面老化的角质细胞、皮脂、汗液、尘埃、细菌等污垢，否则不仅损伤表皮，妆面也易脱落不持久。尤其是需要长时间保持的妆面，一定要彻底洁肤，必要时还需做倒膜等深层洁肤的程序。当然，若是一般的生活妆就不需要深层洁肤了。

条件允许时，洁面后可敷保湿性面膜，用以增加皮肤质感和透明感，效果会更好。

2. 拍打化妆水

充分保湿是上粉底前非常重要的一步，应当用充足的化妆水拍打面部。化妆水不仅可以补水，更重要的是可以使汗腺、皮脂腺分泌保持平衡，除去老化的角质，使皮肤光滑、滋润、健康，还能防止化妆走样，并能保持持久不脱妆。

拍打化妆水时不可过分用力，最好以双手四指指腹轻轻拍打面部，眼睑周围皮肤细嫩，可用中指、无名指指腹轻拍或轻轻按压，直至化妆水全部进入表皮为止。

3. 上面霜、隔离霜

根据皮肤状况选用不同的保湿性面霜或乳液。如果皮肤过于干燥或属于衰老性皮肤，应当充分保湿，必要时可以上三到四遍保湿性面霜。化妆时最好选用含有隔离霜成分的面霜，可以减少或避免化妆品对皮肤的损伤，同时也可以达到防止紫外线伤害的作用。也可选用单纯性面霜、隔离霜，分两步涂抹。

4. 上粉底

用湿润的海绵在脸上用轻拍按压或推抹的手法薄薄地上粉底，并轻轻拍匀。有人喜欢用小指、中指、无名指的指腹上粉底，或者用推抹的方法上粉底，但感觉不容易上均匀，这是因为没有用湿润海绵。因此，除非是敏感性皮肤，否则最好用湿润海绵上粉底。

海绵为什么要打湿呢？原因如下：（1）海绵加了水以后，可以将粉霜变得湿润，打出来的粉底质感轻柔、透明；（2）加水后海绵在脸上的摩擦力变小，皮肤感觉比较好；（3）海绵是多面的，中间有了水后，可以保证各面之间不串色，达到一块海绵多用的目的。

粉底上得是否均匀、轻薄、透明，与手法的好坏有直接关系。手法一般有点按法、按压法、点推法等。各种粉底性质不同，其含蜡量也不尽相同，因此手法也是不一样的，要求有一定的力度，推抹均匀，直至有透明、均匀、光亮的质感。

5. 上粉底的注意事项

（1）将质量好的海绵（有一定厚度且较细腻）切成具有几个平面的三角形，化妆时先用清水洗净，此时需要在海绵内保留少量水分，这样一方面可以使妆面润泽透明；另一方面，不同的平面可以用于涂抹不同的粉底，海绵内少量的水分可以起到阻隔串色的作用。

（2）粉底的涂抹要均匀细致，不宜太厚，注意保持毛孔的透气性，尽量避免堵塞毛孔；越是接近发际线和下颊底线，粉底越要轻、淡、薄，但不应有明显的界线或痕迹，以自然均匀过渡为佳。

（3）上粉底要认真、细致，不宜太快，要用一定力度压实，这样打出来的粉底才会自然清透，肤色质感也比较好，不会像浮在皮肤表皮上一样。

（4）化妆的一般步骤为：洁面→化妆水→保湿面霜→隔离霜→基础粉底→阴影色→高光色→遮瑕→基面妆统一色调→定妆。

四、高光色、阴影色及其他影响因素

1. 高光色和阴影色的应用

前面我们提到过，东方人的面部骨骼结构扁平，转折角度小，立体感不明显，常常需要用结构化妆的方法来调整。在结构化妆或矫正化妆中，高光色和阴影色的运用是最常用的方法。这是建立在自然的灰色或反灰肤色，加上光影创造的自然轮廓或角色特殊化妆基础上的色彩影调，利用亮色有前进、扩大、膨胀、提亮的效果，深色有后退、收缩效果的原理，可以很好地改变面部结构。高光色的色度一般比基础底色明亮2～3个色度，使用方法与基底色相同，区别仅在于色度。高光色用于需要鼓突和展开的部位，如前额、鼻梁、眉骨、下眼睑沟、两颧或下颏等需要修饰提亮的部位，其目的是起到开阔、鼓突、前进、扩大的作用，这也是修饰和改善面部结构的重要手段。

图5-14　高光色和阴影色的应用

图片内白色区域内为高光色提亮区

图片内黑色区域内为阴影色收缩区

阴影色起着收紧、后退和深陷的作用。一般用于外轮廓，从外向内、由深至浅均匀地涂抹，并和基础底色自然糅合。所用色调应比基础底色深3～4个色度。阴影色主要由深褐色或深棕色组成，若阴影色调不够，也可以加上一点橄榄绿色的戏剧油彩临时调配使用。阴影色主要用于鼻梁侧影、颧骨弓下陷、鬓角、下颌角、下颏沟等需要修饰改善结构的部位。一般可参照模特脖子下面皮肤的阴影颜色来选定阴影色的色号（见图5-14）。

用阴影色修饰好轮廓后，还要注意用正常肤色粉底再将整个妆面拉一遍，这样可以保证阴影区不至于因为阴影色的应用而显得脏或者不太自然，同时也可以统一整个基面妆。须知，正常肤色相对于阴影色来说，色调是比较亮的，用它统一整个肤色不仅可以使妆面干净，同时也不会掩盖掉精心修饰的阴影色区域。但是切记：不可以拉到高光色区域，因为它会破坏整个高光区域。

对一位优秀的化妆师来说，熟练掌握高光色与阴影色，就等于给自己增添了艺术的翅膀，特别是在影视舞台化妆或时尚创意化妆中，化妆师常常利用这两种强烈对比的色调与灯光的密切配合，创作出众多个性鲜明、性格迥异的角色形象（见图5-15）。从图5-15中我们不难看出角色所需要强调的位置，正是利用色彩的高光区域和阴影区域的界定，化妆师将左下方的部位强调得更加明显罢了。

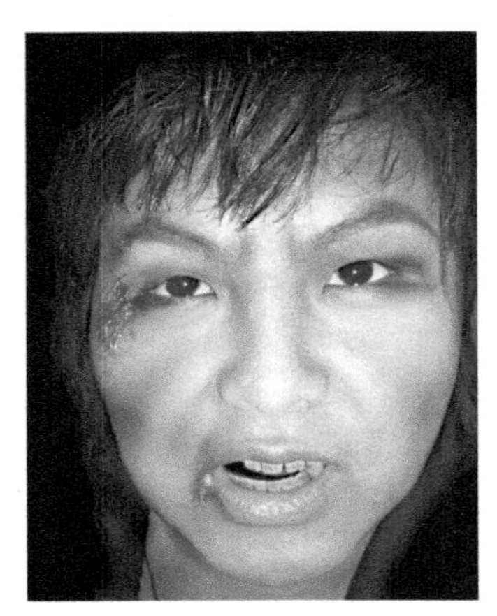

图5-15　高光色与阴影色的运用

（此图源于网络）

2. 须根色

须根部是男性的胡须根部位置，一般指已经刮净的络腮胡子或普通胡子在脸部表面残留的颜色，可以用少许青黑色或铁青色来表现。现在的好莱坞，已经有专用于遮盖胡须的底色了，若需遮盖时，可以直接使用“须根色”予以矫正或遮盖，效果很好。

一般遮盖须根色时可利用肤色和光线的互补色原理，但要注意：当妆型用于黑白媒介时，可以采用粉红色调或橙色调的底色或油彩遮盖；当妆型用于彩色媒介时，可以采用橙黄棕色的底色或油彩遮盖。

3. 腮红色（颊色）

腮红色又称为颊色或胭脂色，有干、湿两种。目前市场上的腮红色有粉色、粉红色、橙色、浅褐色、肉色、棕红色（砖红色）、暗紫色等。腮红色应贴合肌肤的色泽，可呈现丝薄透明效果者为上品。腮红色是根据色彩影调与角色风格的要求用软毛腮红刷最后添加上去的，不仅可以提亮整个肤色，使脸部更加柔和生动，也可以起到修饰脸部轮廓的作用。室内拍摄照片或时尚化妆用得最多的是粉色和橙色系列。使用时应当注意腮红色与粉底色及轮廓修容饼色相的兼容性。

4. 唇色

唇部是口腔一层移行黏膜的外延，对色料和一些化学制剂的吸收能力极强。因此好的唇膏既要色泽艳丽丰富，又要重视内在品质，特别是唇膏中的铅、汞含量绝对不能超标，否则长期使用，很容易造成唇红线的边界模糊不清，唇红上出现黑色斑块，甚至造成重金属中毒等现象。

为了能让唇色与唇部黏膜贴合牢固、让妆容保留较长的时间，大多数柜台的商用唇膏和戏剧用唇膏都含有双澳或四澳荧光素染料（与非活性和非染色唇色着色剂不同）。然而，这种有莹润闪光效果的唇膏由于唾液pH值的反应，给唇部染上了粉红色，往往破坏了与红色、桃红色或橙色服装相匹配的各种色彩。一些影视剧中角色的唇部化妆，用肉眼看起来舒服艳丽，可只要用特定的灯光打在上面，唇部色彩往往会变性，显得非常怪异，说的就是这个道理。因此，我们在选择唇膏时，一定要了解唇膏中的成分，必要时应当上妆试镜，在屏幕上观看最后效果。

爱德华 · 萨加瑞编撰的《化妆品——科学与技术》一书中也提到了这一观点，书中西尔维亚 · 克拉默尔的一篇文章指出：“所谓‘永不褪色’唇膏中所使用的这些有害材料比以前多得多，随着这种化妆品的推出，唇膏反应的影响范围有可能扩大，这一问题已日趋明显。”尽管无机色反应实际上几乎是不存在的，但萨加瑞一书中的比较图却清楚地表明，48%的化妆品过敏反应均源自这些唇膏的染料。因此我们在选择唇膏时应注意避免这些问题，尽量选择不含上述着色剂的唇膏。

尽管唇膏的色彩影调很多，但大多数化妆师常常只在化妆箱中备一些基本色彩的唇膏，随着时尚的新产品推出，或是怀旧色彩的复兴，可以临时做相应调整或搭配。除染色剂之外，新品唇膏还常常采用珠光色、非金属金色、古铜色、银色和铜色，最近几年开始流行肉色唇冻、唇彩、唇釉等。

5. 眼影色

眼影是用色彩影调对上下眼睑部位进行化妆，其首要作用就是赋予眼部立体感，并通过色彩的张力（见图5－16），让整个脸庞明艳动人，使眼睛更具有迷人魅力。眼影有粉状、棒状、膏状、乳液状和铅笔状等形态，从色调上分，可分为暖色调、冷色调与无彩色调等几种；从原料上分，可分为亚光色系和珠光色系。眼影色彩丰富，艳丽多样。

图5－16　眼影色

需要注意：眼影是一种细小固体微粒，不能被皮肤所吸收，极易夹入或集聚在眼睛周围的褶皱处，时间长了易脱落，因此带妆时间不能太长，一般5～6小时为宜。若带妆时间加长，则需要用粉饼补妆。

在影视化妆时，每拍一个镜头，都需要对妆面进行检查，才能保持眼影的色彩影调外观不被沾污，从而保证色彩匹配的完美性和角色妆容的新鲜感。

五、定妆

涂敷好粉底的妆面不仅油光光的、很不自然，而且也很容易晕妆、脱妆，所以必须用较好的定妆技巧来解决这一问题。

定妆可用定妆粉。定妆粉可以是透明散粉，也可以是密粉，密粉颗粒最好在1 200～1 500目（粉状物质的分散度）之间，颗粒细致，自然透明。定妆的目的是利用散粉颗粒对色料的吸收结合作用，对面部粉底的油脂光亮进行吸收遮盖，使之与皮肤粘贴牢固，从而使妆面更持久自然，不易脱妆。

注意：粉饼只能用来补妆，不能用于定妆。因为粉饼颗粒的密度较大，且不易拍开，会将辛苦做好的基面妆推抹花，但定妆后的妆面已经定形，不会因为粉饼的推抹破坏整体妆面，所以可以随身携带，补妆比较方便。

1. 定妆粉的选择

定妆粉分为普通散粉和密粉（透明粉）两种。普通散粉有深浅多种色系，如果选择不当，不是显得太深太暗，就是过于灰白，缺乏真实感；透明密粉与一般散粉不同，由于颗粒密度较大，分散度较高，比较细腻，扑在脸上不至于破坏粉底的颜色，同时又具有真实自然的感觉，因此受到大多数化妆师的推崇。

含有晶莹亮光颗粒的透明密粉，被称为“珠光散粉”，较适合于新娘妆、晚宴妆或干燥、无光泽皮肤者使用。

密粉的质粒有轻质与重质之分，重质粒子组成的密粉适合油性或毛孔粗大者使用，可使皮肤更均匀、洁净、光滑，妆色更持久；轻质密粉适合干性或毛孔细小者使用，可使皮肤更均匀洁净、光滑细腻、透明。购买时应注意区分。

2. 正确的扑粉定妆技巧

首先用大粉扑蘸上少许密粉，与另一只大粉扑相互揉均匀，也可以把一只大粉扑折成两半对揉，直到粉扑上看不到粉的痕迹，再以按压的方法稍加用力，均匀地按遍整个脸部，包括下眼睑睫毛处、鼻子两侧及嘴角。定妆的顺序一般是先外轮廓，再上额、下巴与面颊，最后才是内轮廓（眼、鼻、唇部）。千万不要用粉扑直接在脸上擦或抹，否则会将已上均匀的粉底破坏或擦花。注意：压粉时一定要稍加用力按压，使散粉与粉底充分融合，并与皮肤紧密贴合；用力过轻会使粉底浮在皮肤表面，导致皮肤质感较差。

用散粉定妆时千万不要上得太多，特别是肤色较黑、面部皱纹多或表情较丰富的人，应薄施散粉。否则较厚的散粉不仅使皱纹更加明显，还可能使皮肤干燥，导致更多的细碎皱纹出现，整个妆面也会花掉。

扑好散粉后，再用质量比较好的大号粉刷从内向外、从上往下轻轻扫去浮粉。扫后的妆面会更加清新柔和、自然大方，也不易脱妆。

老年人定妆时由于皮肤干燥，皱纹较多，不宜用散粉定妆。必要时可以用餐巾纸敷在皮肤表面，吸掉过多油脂，再用大刷蘸上少许散粉，轻轻扫匀即可。

3. 韩式定妆法

韩式定妆法是近年来在韩国乃至世界各国化妆界流行的新型定妆方法，追求一种清新自然的妆面风格。韩式定妆法用起来比较麻烦，但突破了传统定妆方法。用大量清水冲洗后，整个妆面肤色特别清新、自然、透明，宛如没有上过粉底；并且带妆时间特别持久，春秋季节一般可维持10个小时以上。

韩式定妆法适合新娘婚礼化妆、近距离接触（例如会见外宾）、需要大量面部特写的影视剧或其他对妆面要求比较高的场合使用。

韩式定妆具体方法如下：

第一步，基面妆的粉底上好以后，用短而浓密的专用短柄毛刷（见图5−17）蘸上充足密粉，在脸部均匀地打圈上粉，直到粉底与密粉充分融合。

图5−17　韩式定妆毛刷

第二步，在带气压嘴的小空瓶内盛满矿泉水，均匀细致地喷水到基面妆的整个区域内，利用喷出的水流将浮在皮肤表面的浮粉全部冲洗干净。

第三步，用餐巾纸将脸部水珠吸干即可。

韩式定妆法是一种非常自然、干净、清透的新型定妆方法，定妆后基本上看不出敷粉痕迹，且在正常情况下可以保证8～10小时不脱妆。缺点是比较麻烦。

采用韩式定妆方法时应注意：

（1）上密粉时，刷子蘸的粉量一定要充足，并做小幅度螺旋打圈动作，让基面妆区域能够充足地吸收密粉。

（2）喷水时下颏处要垫上干的厚毛巾，或垫上几层餐巾纸，以防冲下来的污水打湿模特服装。

第六节　点化妆

美丽的眉毛是端庄、秀丽容貌的重要组成部分。眉的作用在于衬托和强调眼睛的形状、比例、色彩、神采和情趣，眉毛能增强面部立体感，起着画龙点睛的作用，同时又起着反衬作用，正所谓“眉清”才能“目秀”。一般规律为：眼神刚强锐利，眉毛就柔软，眉色较浅淡；眼睛神采暗淡，眉毛就突出，刚毅浓密，眉色黑而有光泽。

一、眉毛的解剖

眉毛可分为眉头、眉峰、眉梢（见图5–18）。

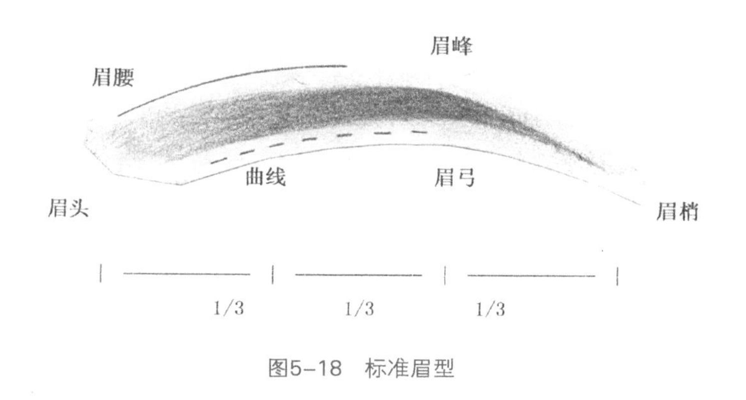

图5–18 标准眉型

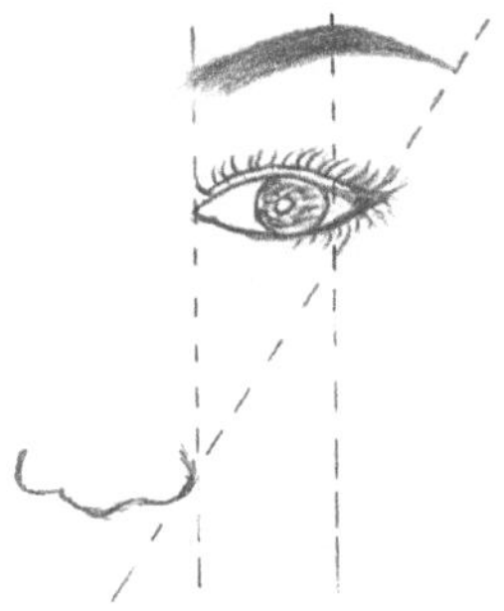

图5–19 标准眉形的位置

标准眉毛的位置：

（1）眉头 鼻翼两侧至内眼角的延长线上。

（2）眉梢 鼻翼两侧至外眼角的延长线上。

（3）眉峰 眉头至眉尾的2／3处（见图5–19）。

1. 眉头

指眉毛的起点。标准眉形的眉头位置应当在鼻翼至内眼角的延长线上。眉头要浅、要虚、要自然，不可过方或过圆，最好利用模特本来的眉头。两眉头靠得太近，给人以严肃紧绷、心胸狭窄的感觉；两眉头分得较开，则有可蔼、安详、宽厚、悠然自得的感觉；但若拉得太开，变为离心眉，则显得呆板、痴呆、笨拙；眉头略弯曲，给人以忧郁、皱眉、心事重重的感觉，又称蹙烟眉。眉头到眉峰部分称为眉腰（又称眉坡），眉腰应当保持一定的弧度，才能充分体现女性的阴柔美，这在港澳地区也被称为开运眉。

2. 眉峰

指眉毛的最高点。标准眉形的眉峰位置应当在眉头至眉梢的2/3处，或在瞳孔正视前方时外缘线的垂直延长线上。眉峰要实，色泽要深。眉峰偏向眉中部时，眉弓上拐线较陡，能突显坚毅感，有拉长脸型的作用；眉峰偏向眉梢，则可增加脸宽，眉峰的正下方是眉弓。

3. 眉梢

指眉尾。标准眉形的眉梢应该在鼻翼至外眼角的延长线上。眉梢要尖，色泽要淡，可略上扬。眉梢太平，有缩短脸型、横向拉长的作用，让人看上去恬静、娴淑；眉梢尖向上挑起为上挑眉，可增加脸型长度，给人以活泼好动的感觉；但过分上挑会给人留下发怒、稍凶的印象；眉稍斜向下，可以给人留下低沉、忧郁的印象。

4. **眉弓**

眉弓又称为眉心，指眉毛下缘的内曲线，一般由一个大圆（自己的眼睛或眼窝）和一条切线组成。标准眉形的眉弓正对眉峰的下端，其他类型的眉弓可以不正对眉峰。一对眉画得漂不漂亮，主要看眉弓内曲线和弧度是否流畅舒展。内曲线干净、流畅是眉毛美丽的首要条件，因此，内曲线的线条形状是决定眉毛漂亮与否的关键。

二、眉毛的修饰

1. 修眉的原则：宁剪勿拔、宁宽勿窄、清除其余

造型之前应先修眉。先用眉梳把眉毛梳理成形，然后开始画，再按照眉毛的长势彻底拔掉有碍眉形的杂眉，并用眉剪修剪过长的眉毛或逆向生长的眉毛，以突出眉形的清晰柔顺。修眉时注意尽量保留原来的眉毛，这样立体感、真实感比较强。眉毛的修饰方法分两个步骤完成，即修眉和画眉。

初学修眉时，首先要学会定位。只有定位准确，才能修出两侧一致的漂亮眉毛（见图5–20）。

图5–20　修眉的定位

（1）用定型眉笔找出两边眉毛的眉头、眉梢和眉心的最低点（或最高点），再将三点连成一条弧线；

（2）根据画出的弧线画出完整的眉毛；

（3）用粉底霜将其余部分遮盖；

（4）比较两边眉形是否一致；

（5）用修眉刀或眉钳修眉。

一侧眉毛修完后，再修另一侧眉毛。具体做法：用眉笔作为尺子，以修好的一侧为衡量基准，滚动定位后，找出另一侧的3个定位点位，连接成弧线，再开始修另一侧眉毛。当然熟练后不用再定位，就可直接修另一侧眉毛。

2. 修眉方法

修眉可以使眉形线条整齐、清晰流畅。下面是眉毛的几种修饰方法。

（1）拔眉法　用圆头眉钳（医药公司有售）拔掉不规则或不整齐的杂眉，圆形眉钳可

保证拔眉时不损伤皮肤，比较安全。拔眉时可以先用眉笔将喜欢的眉形画好，然后将画好的眉形以外部分的眉毛拔除。拔杂眉时要看准眉毛的生长方向，操作时用左手食指和中指撑开眼睑皮肤，右手用眉钳夹住眉毛根部，顺着眉毛长势快速往外一提，就可将眉毛连根拔出来。拔眉时要顺着眉毛生长方向一根一根地拔。拔眉有少许疼痛感，可在操作之前用温热毛巾在清洁过的眉部热敷片刻，以达到扩张毛孔、减轻疼痛感的效果。用这种修眉法修过的眉毛干净，眉毛再生速度很慢，眉形保持的时间较长。长期用此方法修眉会伤害眉毛的生长系统，令拔过部位的杂眉长得少或不再生长。

医用眉钳做工精致，钳口圆润光滑，较适宜做拔眉工具。普通眉钳由于是方口或斜形口，加之做工粗糙，不适合拔眉，只适合用作“间苗”，即当有些眉毛长势不均匀，或者某一处眉毛过密时，可以将呈闭合状态的斜形口眉钳伸进需要“间苗”处，再略微张开一点小口，以保证每次只夹住一根眉毛，用力拔去。如此反复，便可将浓密部位的眉毛“间苗”均匀。

（2）剃眉法　主要在文绣眉或快速化妆时使用，利用修眉刀将多余的眉毛剃除。剃眉法修眉速度快，不会产生疼痛感，同时由于没有伤害到毛孔，化妆时色料不会进入皮肤。但剃过的部位不如拔除的干净，而且因为没有伤害毛囊，反而会因刺激作用使眉毛生长得更快，所以眉形保持的时间比较短。

（3）剪眉法　根据修眉宁剪勿拔的原则，主要是用眉剪将过长、杂乱或下垂的眉毛剪掉，使眉毛显得整齐，同时又不影响有用的眉毛的生理长势。

3. 眉的画法

用眉笔或眉粉描画眉毛，使眉色加深、眉形清晰。画眉是在修眉的基础上完成的。眉的化妆一般选用柔和的灰棕色、棕褐色或驼色，也可用自然的灰色。正确的方法是先修眉，然后用眉笔将眉形设计好，再用眉刷沾少许眉影粉（眼影粉亦可）将整个眉毛刷均匀。

用眉笔画眉时可以将眉笔削成鸭嘴状，顺着眉毛长势一根一根描画，手法力度要轻且均匀，用笔画的疏密控制眉色的深浅，而不是通过力度的强弱来控制，这样画出的眉毛真实自然。描画时应注意力度要均匀，描画要柔和自然，较好地体现眉毛质感。特别是眉腰处，可用增加眉毛密度的方法来体现眉峰处较深的色泽；千万不要增加力度，因为增加力度只会将眉毛画成“僵眉”。可以搭配一些深棕色调的暖色系眉粉来画眉，会使眉毛更柔和自然（见图5–21）。

图5–21　眉的上色

也可以用一种简单的方法画眉：用眉笔先在眉毛上画出一道基线，再用眉刷蘸上自然灰或棕色眼影粉将基线刷开，这样画出的眉毛不仅真实自然，而且看不出一点画眉的痕迹。

当然，所有的画眉方法都应该在修眉的基础上完成。描画的眉形要自然流畅，眉色要与模特的肤色、发色以及妆型协调。

眉毛的描画原则是要虚实相映、左右对称。眉头要虚，色浅淡；眉峰色深，重且实；眉梢要尖且色淡；眉的上边缘线色调要略浅于下边缘线。应根据个体眉毛的自然生长条件选择眉形，不宜做过多的调整，以免给人失真的感觉。

4. 韩式画眉法

目前流行的韩式画眉法，是在我们现有画眉的基础上追求更加细致自然风格的方法。其步骤如下：

（1）修眉；

（2）用专用定型眉笔设计眉形，并用眉刷仔细刷匀；

（3）用棕色或深褐色眉笔上色，并用眉刷仔细刷匀；

（4）用棕色或深褐色眉粉晕染定妆，再用眉刷仔细刷匀，使整体眉色深浅均匀、疏密有致。

5. 眉毛的类型

眉有多种类型，概括而言，有标准眉、平眉（柳叶眉）、上挑眉、弧形眉（欧式眉）等几种（如图5–22），应该根据脸型、气质、个性、爱好、场合或角色等和谐搭配。

下图是各式眉型，这些眉型当中有的可爱，有的粗野，有的秀气，有的高贵，请比较一下，看看您更喜欢或更适合哪一种。

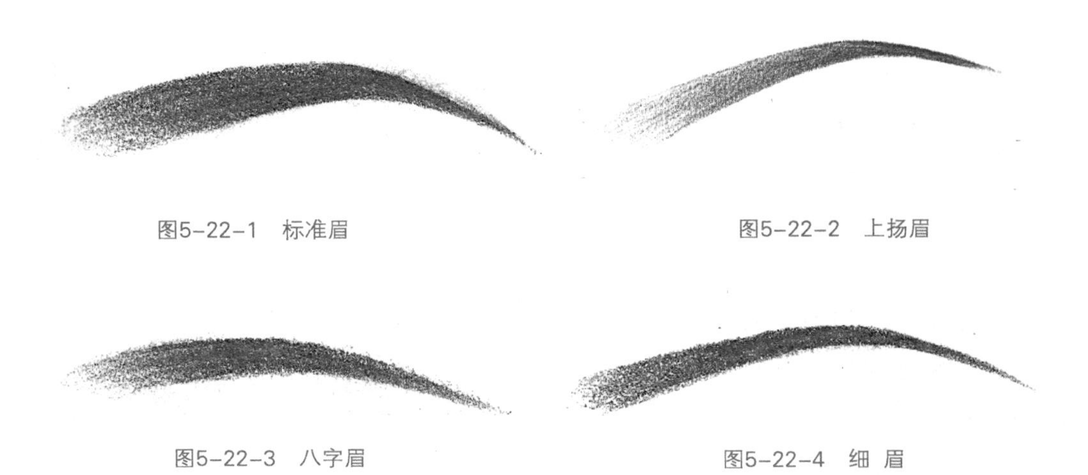

图5–22–1　标准眉　　图5–22–2　上扬眉

图5–22–3　八字眉　　图5–22–4　细　眉

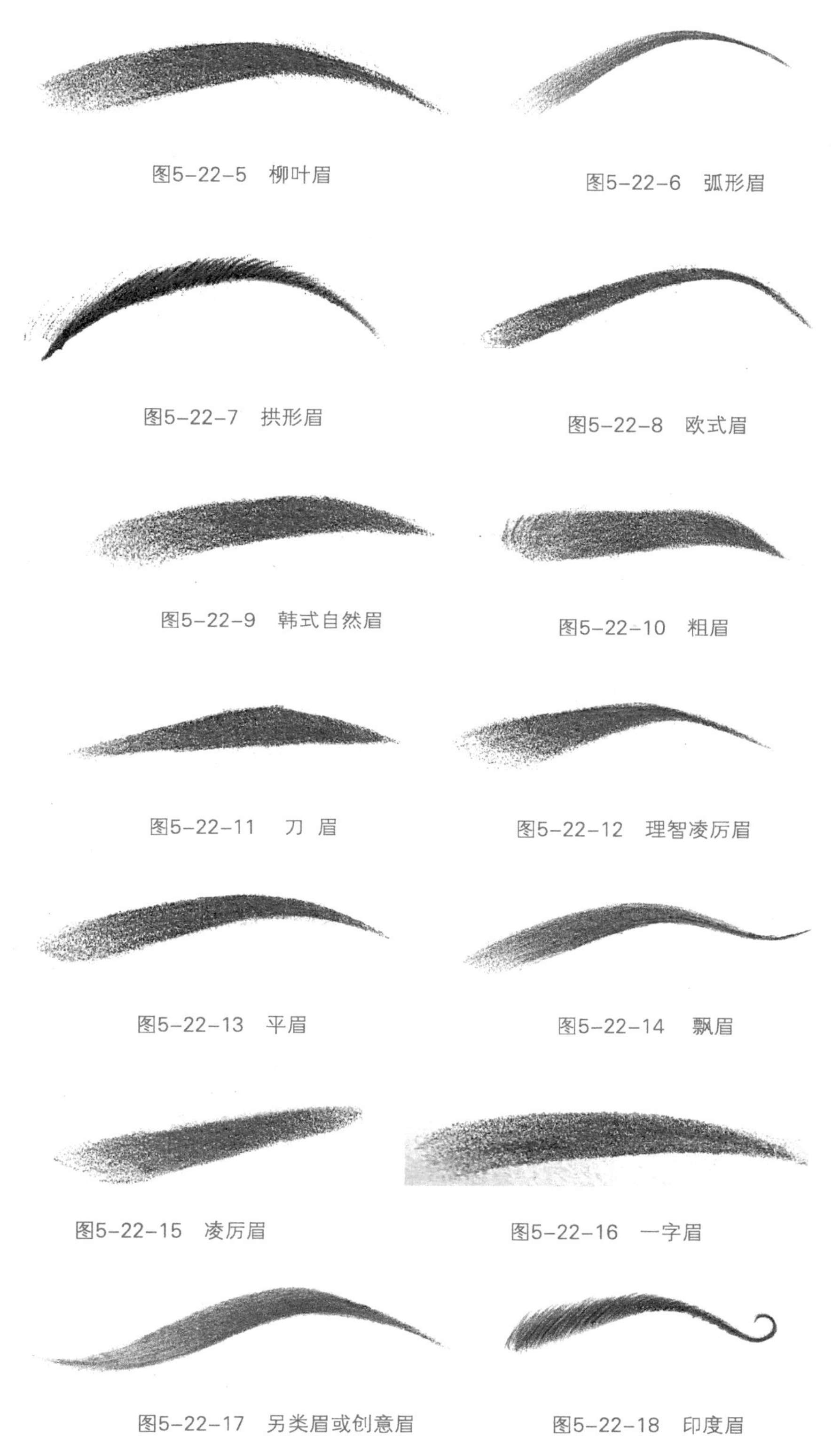

图5-22-5 柳叶眉

图5-22-6 弧形眉

图5-22-7 拱形眉

图5-22-8 欧式眉

图5-22-9 韩式自然眉

图5-22-10 粗眉

图5-22-11 刀 眉

图5-22-12 理智凌厉眉

图5-22-13 平眉

图5-22-14 飘眉

图5-22-15 凌厉眉

图5-22-16 一字眉

图5-22-17 另类眉或创意眉

图5-22-18 印度眉

图5-22 各种常见眉形

如何找出适合自己的眉形？教您一个简单的办法：卸妆前可坐在镜子前，对着上好妆的脸，将自己喜欢的眉形画在半边眉上，和另一侧比较，直到所画一边的眉形看着舒服顺眼为止。也可拿一张4～5寸的照片，用透明纸把脸型、眼睛、鼻子、嘴唇描下，空下眉毛的位置，再依自己喜欢的形状把眉毛画上去，看看效果如何。

6. 几种主要眉形的画法

（1）一字眉（水平眉）

眉形平直、粗、短，整条眉毛基本处于同一水平线上，给人以淳朴、可爱、老实、自然的感觉（见图5–23），可使长脸变得短一些，窄额显得宽一些。

图5–23　一字眉（1）

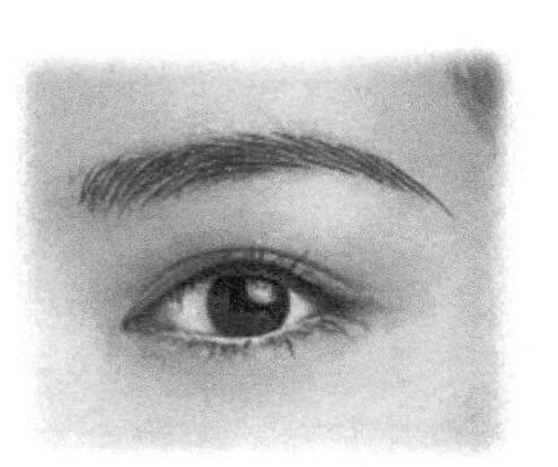

图5–24　一字眉（2）

在内眼角的正上方，即眉头的起始位置，用眉笔或眉粉轻轻扫出一条平直眉，注意眉尾的长度比外眼角略长，眉峰的高度及转角的过渡不宜明显，整条眉毛可适当粗些，色彩中间深、两边浅，过渡衔接自然（见图5–24）。

（2）标准眉

从眉头到眉梢呈一条优美的弧线，使眉毛中后部拱起，眉峰在眉头至眉尾的2/3处，使整个面部显得柔润，可拉长脸型，适合脸型较胖者的新娘妆或日妆（见图5–25）。

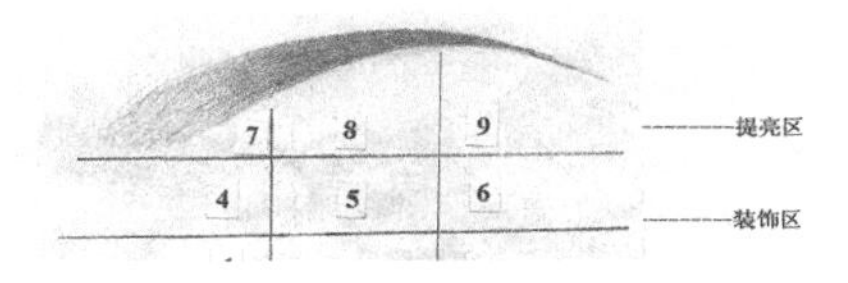

图5–25　标准眉（1）

在内眼角的正上方，即眉头起始位置，用眉笔或眉粉轻轻扫出一条半圆弧线。

注意眉尾长度在外眼角与鼻翼的延长线上，整条眉毛的弯曲如柳叶般自然，不可过于圆润、弯曲，眉峰不可出现明显的尖度，色彩为中间深、两边浅，过渡衔接自然（见图5–26）。

图5–26　标准眉（2）

（3）上挑眉（上扬眉）

整条眉毛有挺拔上扬的倾斜度，眉峰棱角较为明显，给人以英俊、刚毅的感觉（见图5–27）。

在内眼角正上方，即眉头起始位置，用眉笔或眉粉轻轻扫出一条半圆弧形，注意眉尾的长度比外眼角略长，可稍微上扬，整条眉毛上扬的倾斜度不宜过高，否则会给人过度夸张的感觉，色彩为眉峰略浓，眉头略淡，整体色彩过渡自然（见图5-28）。

图5-27　上挑眉（1）　　图5-28　上挑眉（2）

（4）欧式眉

眉形上扬挑起，幅度比上扬眉更甚，且眉梢不回落至眉头的水平处，给人以张扬、凌厉的感觉（见图5-29）。

在内眼角正上方，即眉头起始位置，用眉笔或眉粉轻轻扫出一条半圆弧形，注意眉尾的长度比外眼角略短，可上扬，整条眉毛上扬的倾斜度为20°～30°，给人夸张、凌厉、精干的感觉，色彩为眉头略深、眉峰略淡，整体色彩过渡自然（见图5-30）。

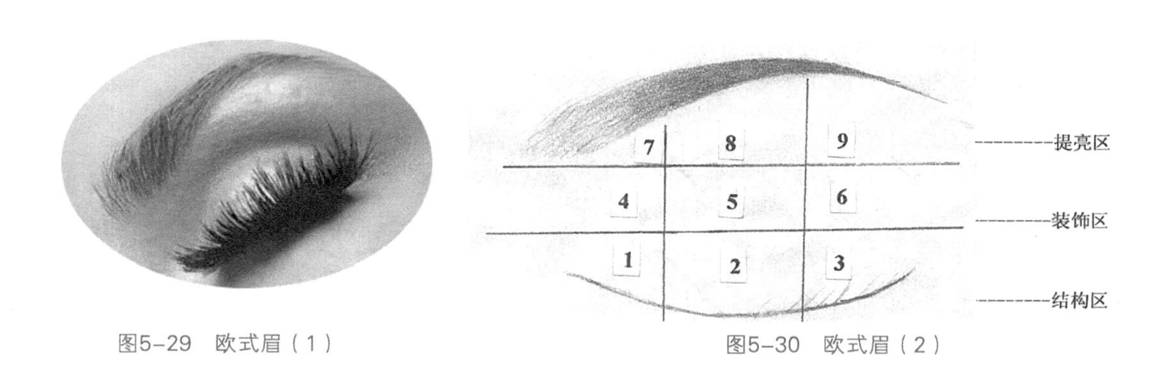

图5-29　欧式眉（1）　　图5-30　欧式眉（2）

（5）笼烟眉

1987年版电视连续剧《红楼梦》可谓家喻户晓。其中林黛玉那“两弯似蹙非蹙笼烟眉，一双似喜非喜含情目”给观众留下了深刻印象。

图5-31为1987年版电视连续剧《红楼梦》中陈晓旭饰演的林黛玉。图5-32为1987年版电视连续剧《红楼梦》开拍前林黛玉形象设计者、化妆大师杨树云先生设计的手稿。

图5-31 笼烟眉（1）

图5-32 笼烟眉（2）

从以上两幅图片可以看出，电视剧中林黛玉的扮演者陈晓旭的角色形象选择与这一角色设计者杨树云老师的设计思路是完全吻合的。

在内眼角正上方，即眉头起始位置，用眉笔或眉粉轻轻扫出一条半圆弧形，注意眉头要稍微弯曲，眉尾的长度比外眼角略长，稍下垂，给人蹙眉含悲的感觉（笼烟眉的名称由此得来），色彩为眉头略深、眉峰略淡，整体色彩过渡自然。

三、眼睛的修饰

很难说哪种眼睛形状更漂亮，只有眼睛与整个脸型及五官搭配得和谐才有美感。

眼睛的标准位置：如果眼尾位于发际至嘴角的1／2以上，看上去显得较成熟冷静，可用强调下眼线来改善；反之，眼尾位于发际至嘴角的1／2以下则显得稚气可爱，可用强调上眼线及拉长上眼尾眼线部分来修正。

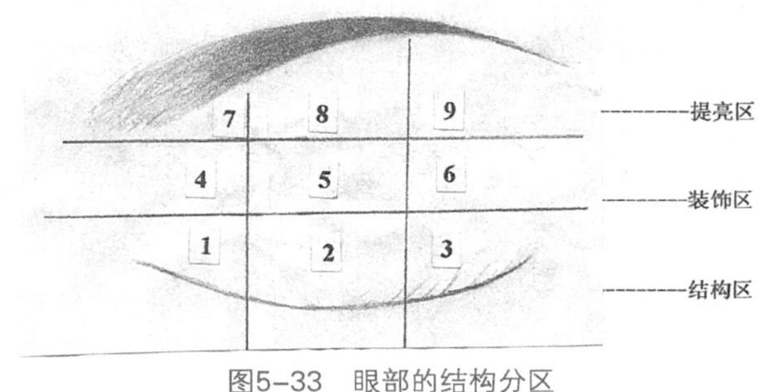

图5-33 眼部的结构分区

1.眼部的结构分区

为了方便晕染眼影，我们人为地把上眼睑分为9个区域（见图5−33）：一般1、2、3区为结构区（眼线区），色调应当深、重、实在，用以突出结膜的清亮和眼睛的神采；4、5、6、7区为装饰区，眼影色应当在这几个区域得到充分的展现。注意：因为我们的眼球是一个球形，并以瞳孔为最高点，因此瞳孔正上端的5区是受光面最强的区域，色彩越浅越好；8区的一部分和9区是眉骨突出的部位，因此是提亮区，可用高光色充分提亮。

当然，必须注意的是，每个区域不应当独立存在，而是相互关联、相互衬托、相互影响、相互渗透的，特别是在多色晕染时，不能有明显的界线，过渡要自然。譬如在画结构妆时，上眼睑沟的描画（俗称猫眼）应当从3区经5区、6区中间到达8区的一部分后渐渐淡化（详见结构妆画法）。

眼睛的修饰方法有涂抹眼影、描画眼线、卷翘睫毛、涂睫毛膏及染烫睫毛等，可以灵活运用，但应以不改变原来的眼睛形象、增强眼部神采为原则。

小提示：美目贴的佩戴

怎样使用美目贴也是许多女性关心的问题。很多人都希望自己是双眼皮，除进行美容手术外，美目贴可以帮你拥有双眼皮、大眼睛，尤其是对眼皮内双或褶痕小的人，效果更好。完全单眼皮的人效果可能会不够理想。两眼大小不同的人，只要贴在褶痕小的一侧就可以了。选择美目贴时以稍薄、有弹性、能透气且透明者为佳，但不要有亮度，以免因过分明显而失真。

现在市场上流行一种"双眼皮成型液"，利用特定的稀释的胶水，将上眼睑部分用胶水粘贴，便可产生一种"双眼皮"的效果，使用方法简便。在使用时，应适量涂抹胶水，否则容易穿帮。

2.眼影的形状

在时尚形象设计中，我们总是力图塑造出最适合某种场合的形象。丰富多彩的眼影形状向人们传达着不同的潜在语言，创造出不同的妆容形象，力图向他人展示出不同的自我形象。

涂抹眼影的基本方法（眼影涂抹三部曲）如下：

第一步，在整个上眼睑用大号眼影刷涂上基本色眼影（见图5-34-1）。各个妆面基本色眼影不完全相同，一般可采用浅色系，详情请参照上篇"时尚妆型"。注意将皱褶处和下眼睑部位涂抹均匀。

第二步，用中号眼影刷在上眼睑窝以下的4、5、6、7区，涂上需要表现的中间色。中间色是为重点色做铺垫的，因此一般需要用与重点色同色系之较浅的色彩表现（见图5-34-2）。

第三步，用小号眼影刷在上眼睑外眼角2、3、6区涂上重点色。重点色区域是眼影的主要表现区域，除特殊情况外（例如烟熏妆等），一般面积不宜过大，色彩应该较艳丽出彩（见图5-34-3）。

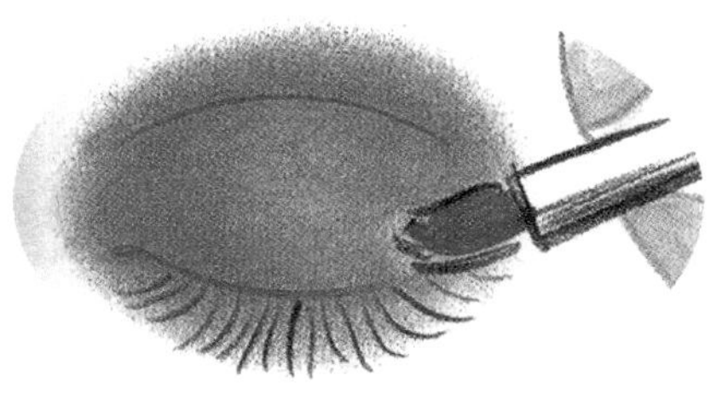

图5-34-1　眼影涂抹第一步

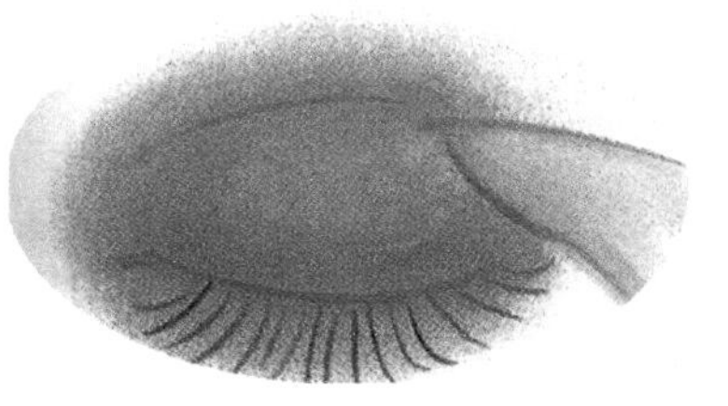

图5-34-2　眼影涂抹第二步

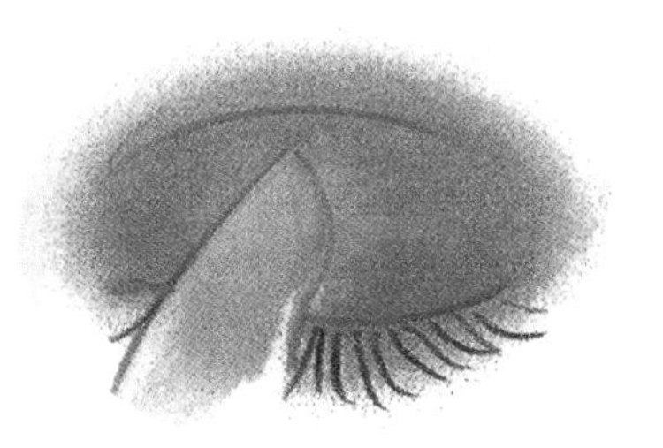

图5-34-3　眼影涂抹第三步

图5-34　眼影涂抹步骤

注意：整个眼影应当干净、清透，晕染均匀，不要有明显界线。

为了阐述方便，我们将各种眼影的特点及其表现力做了分类，但在化妆实践中，我们应当将这些丰富多彩的眼影技巧融会贯通、熟练运用，创造出一个个适合各种场景特点、属于角色自己的妆容形象。

美国著名时尚化妆师凯文·奥库安将各种时尚类型的眼影概括为六大类：曲折的、纯洁的、烟雾状的（烟熏妆）、向下倾斜的、两种色彩调和的与飘逸的，由这六种形状可以变化出任何想要表现的形状。或许这样的概括不够完善，但也可以很好地说明眼影形状的变化不是一成不变的，只要我们善于运用，就一定能创作出有自己个性特点的合适的眼影。

（1）纯洁型眼影

颜色越浅淡，就显得越柔和，色彩不宜过深。一般用白色、淡蓝色或淡粉色眼影来表现，图5–35是设计的纯洁型眼影和实际操作的纯洁型眼影效果。

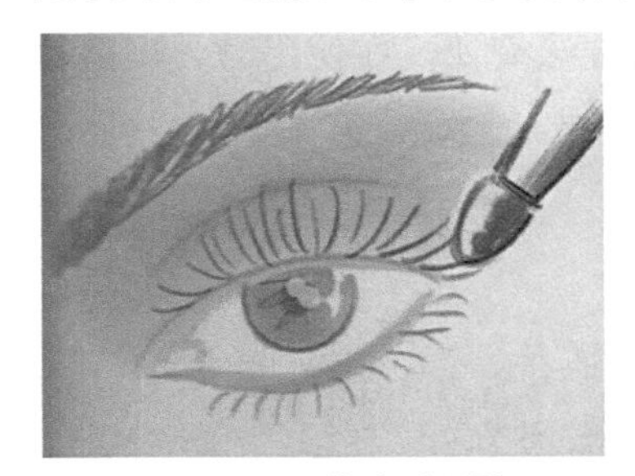

图5–35–1　纯洁型眼影

图5–35–2　纯洁型眼影效果

图5–35　纯洁型眼影

（2）烟熏妆

烟熏妆的眼影显得柔和、神秘、优雅，富有戏剧性效果。生活中一般用小烟熏技法表现；晚宴或需要舞台戏剧效果时可采用大烟熏技法表现，大烟熏的用色范围是：一般在1、2、3、4、5、6、7、8区均要涂抹。先沿着眼睛边缘涂抹眼影，然后在上眼睑1、2、3、4、5、6 等更集中区域加深色彩表现（见图5–36）。

图5–36–1　小烟熏眼影效果①

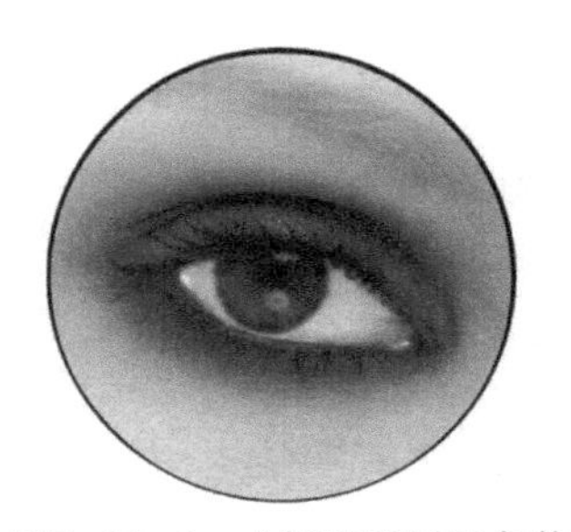

图5–36–2　小烟熏眼影用色范围

图5–36　烟熏妆

①图片采用的是凯文·奥库安编著的《经典化妆》中的图片。

（3）向下倾斜眼影

据说这种妆容在好莱坞被称为“卧室妆”，是历史上一些有魅力的知名女性或好莱坞影星常用的一款妆容。其化妆要点：a.苍白的眼睑（色彩可以自行选择，但必须浅淡），用色范围应充满整个眼窝（见图5–37–1）；b.眉骨，包括倾斜式的皱褶；c.下垂的眉梢；d.外侧的眼睫毛向上翻卷，以增强睡眼惺忪的效果（见图5–37–2）。

图5–37–1 向下倾斜眼影效果[1]

图5–37–2 向下倾斜眼影用色范围

图5–37 向下倾斜眼影

（4）魅惑飘逸妆

从克莱奥柏拉（Cleopatra）到麦当娜（Madoma），几个世纪以来，人们都在用这种暗示着权力与性感的妆容来强调自身个性。无论用何种色彩，着重向上挑起的眼睛，都会给人带来魅惑或飘逸的感觉（见图5–38）。

图5–38 魅惑飘逸妆眼影[2]

（5）两种色彩调和

这是两种色彩调和而成的眼影妆容（见图5–39），主要使眼部曲线光滑圆润、干净细致。此款眼妆现在已经成为魅力女性的首选妆型。具体画法：从外眼角3区向内1区涂抹深（暗）色调眼影，越向内眼角处色彩越弱，这样的画法既可以突出眼部外侧神采，又可以拉大两眼之间、眼睑和眉骨之间的距离，使眼部开阔。

图5–39 两种色彩调和眼影[3]

3.眼影的修饰手法

眼影的晕染方法很多，大致可分为以下几种类型。

按描画笔法可分为：横向排列法（平画法）、纵向排列法（竖画或斜画法）、结构晕染法等。

按色彩可分为：水平晕染法（下浅上深或下深上浅的平画法）、立体晕染法（多色素

①②③ 该图片采用的是凯文·奥库安编著的《经典化妆》中的图片。

描法或多色结构晕染法）、水平立体晕染法等。

（1）水平晕染法

水平修饰法有强调双眼皮的效果，可使脸型缩短，但眼影色彩单调，变化较小。一般采用两种以下的单色彩晕染描画手法。具体做法可分为两种：下浅上深或下深上浅的平画法。

图5-40　下浅上深的水平结构修饰法

①下浅上深的水平结构修饰法　一般用于单眼皮的修饰。先用较淡的底色涂在整个眼皮上，并在近睫毛处画上细细的眼线，再用深色眼影粉沿双眼皮做水平涂色；眉骨下方涂上亮色，向下晕染，亮度由强变弱，渐渐与眼影色衔接。单眼皮眼尾处的颜色要加深一些，再刷上睫毛膏（见图5-40）。

②下深上浅的水平平画修饰法　沿睫毛根部用深色眼影粉描画，并向上晕染。色彩由深至浅，渐渐淡化，并在下眼睑睫毛根部做深色强化。此种画法可使眼睛显得生动而明亮（见图5-41）。

图5-41-1

图5-41-2

图5-41-3

图5-41-4

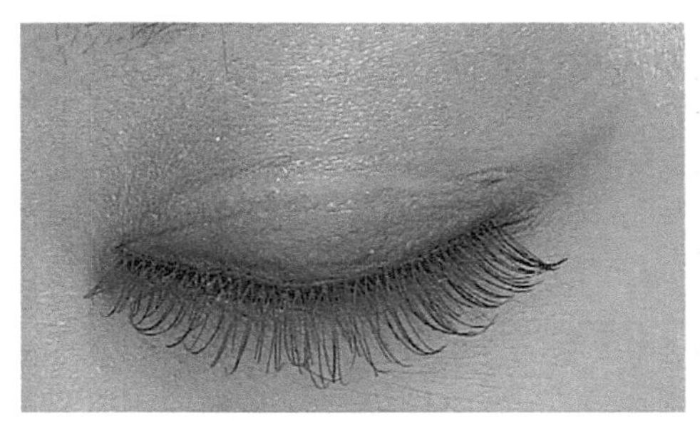
图5-41-5

图5-41-6

图5-41　下深上浅的水平平画修饰法

（2）立体多色水平修饰法

按照素描绘画方法晕染，将眼影做多色立体描画，有拉大眼睛和眉间距离的效果，可使眼睛增大，脸型拉长。具体方法：将两种以上的色彩涂于上眼睑与眉骨之间的凹陷处（3、6、8区）和内眼角（1、2、5、7区）及下眼睑的外眼角处，另将亮色涂于眉骨下方和眼球中部的5区。阴影色和亮色过渡要自然，不能有明显界线。此方法能够充分表现眼部的立体结构（见图5−42、图2−43）。

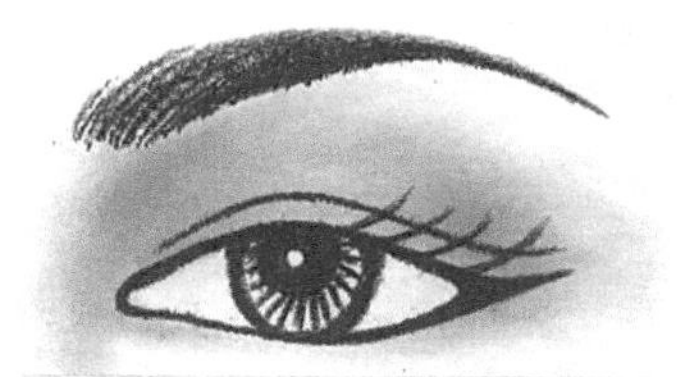

图5−42　立体多色水平修饰法之七彩晕染法

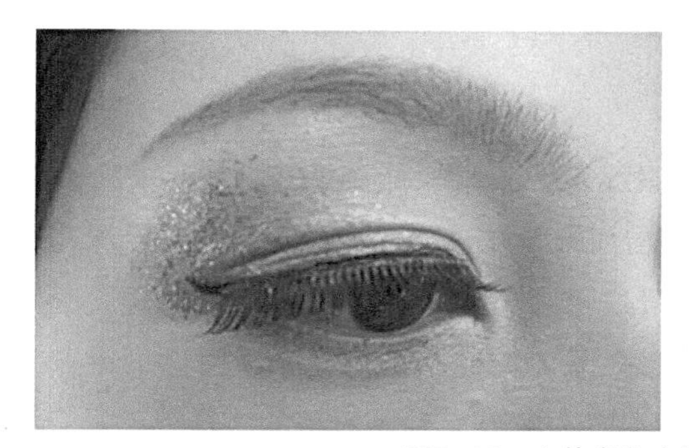
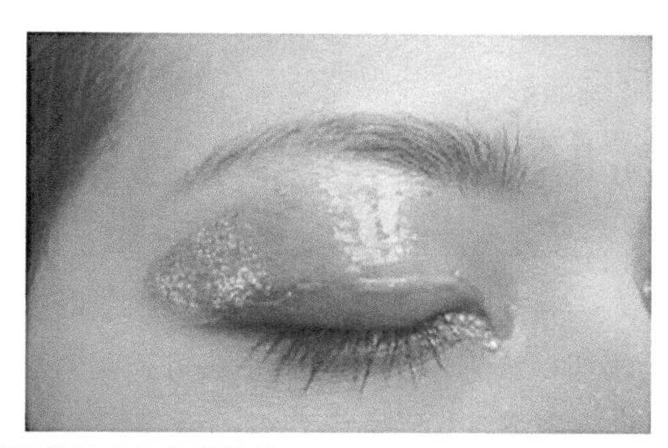

图5−43　立体多色水平修饰法之三色晕染法

立体多色水平修饰法有以下几种：

三色晕染法：最少用3种颜色；

四色晕染法：最少用4种颜色；

七彩晕染法：颜色丰富多样但须对称晕染。

总之，不论何种眼影修饰法，均应以自然柔和为要，使眼睛色彩丰富多变。

（3）结构修饰法

眼部结构复杂，东方人的眼部立体感不强，比较平面，有些甚至鼓突。一般用棕色、驼色、烟蓝色、紫褐色将上眼睑沟按生理转折立体地表现出来。表现深陷的眼部轮廓的眼影用色方法称为结构修饰法，结构修饰法是最基本的化妆修饰技法，其表现结构的用色范围见图5−44。

图5−44　结构修饰法的用色范围

在结构修饰法的基础上，可以再在结构色的外侧和内侧，用与肤色或服装同色系的浅粉红、浅橙等柔和色彩做轻柔晕染，并恰当地表现出鼓突的眉骨，可使眼部结构感增强，并使眼部富于色彩的魅惑变化（见图5-45、图5-46）。

图5-45　彩色结构修饰法

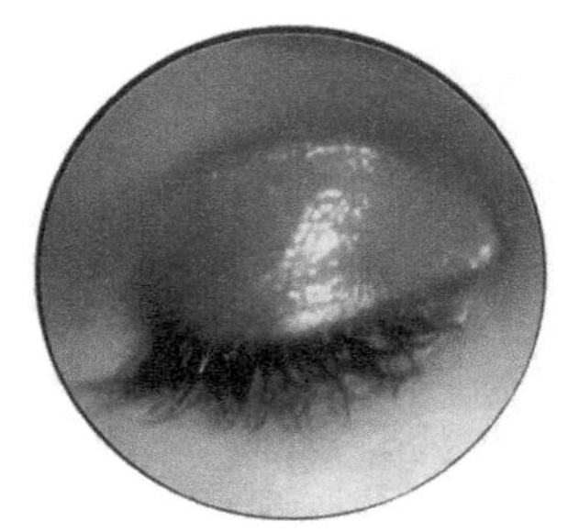

图5-46　结构修饰实践

4.画眼线

从外眼角向内眼角方向沿着睫毛根部描画眼线，上眼睑一般画2/3长，下眼睑一般画1/3长，颜色外重里淡，细细描画即可。眼线可增加眼睛神采与魅力，使眼睛显得深邃、水灵动人，有一种水汪汪的感觉。下眼线的描画可实可虚，照相般的描画基本符合原眼形，或稍稍加以修饰晕染；夸张手法可强调勾画眼形效果，局部高于或长于原眼形均可，甚至可以向斜上方飞扬，力争获得一种夸张的装饰效果。一般有两种画眼线的方法。

（1）眼线笔描画

应当注意选用软芯、防水、容易着色的眼线笔，可以把笔尖削成扁平尖的鸭嘴式样，描画起来比较方便。若不着色，可以用笔尖沾少许油膏或面霜滋润笔芯1～2分钟，再描画即可。眼线笔用色柔和自然，适合于生活妆。

（2）眼线粉描画

可以用眼线刷蘸少许清水再蘸眼线粉。描画时手要稳，下笔用力要均匀，眼线粉色彩艳丽、浓重，适合于晚宴妆或表演性质的浓妆。

不论用哪种方法画眼线，建议再用眉粉或眼影粉轻轻扫一遍，不仅可以定妆（遇泪水或汗渍不易晕开），还会使眼线更加柔和亮丽。在韩式化妆法中，就常常先用眼线笔画好眼线，再用眉粉定妆。

自己初学画眼线时，可将手臂肘部支撑在台面上，起稳定作用，小手指支于脸颊，执笔的手稳定，就能画出光洁流畅的线条来。

四、睫毛的修饰

修饰睫毛可帮助我们更好地表现眼部神采，加强眼部的生动魅力。

1. 刷睫毛膏

（1）自身睫毛较浓密者，修饰时可以尽量表现浓密的睫毛的魅力，即直接用睫毛夹将睫毛根部卷曲定型，再刷上需要表现的睫毛膏，即可完美表现睫毛的魅力。

（2）自身睫毛条件不好者，可以采用睫毛膏反复涂抹法进行外形的修饰，使睫毛显得浓密，更能表现女性魅力和眼睛的神采。具体做法如下：

先上一层睫毛膏，再扑上一层定妆粉，再上一层睫毛膏，再扑定妆粉……如此反复数次，直到对长度和卷曲度满意为止。也可用睫毛夹夹住睫毛根部，使睫毛向上翘起，反复数次，直到对卷曲度满意为止。然后用无色睫毛膏向上涂抹，再用黑色睫毛膏从上睫毛上、下两面向上涂抹，以增加色度，最后将上睫毛梢和下睫毛以蓝色或黑色睫毛膏涂抹，用色差视错觉制造忽闪的长睫毛效果。

当然，现在的一些加浓加密的睫毛膏也很好，使用后也很自然真实。但是应注意，要选择防水性稍强的、质量比较好的睫毛膏，这样不至于因为迎风流泪或受到某些刺激而弄花妆面，造成“晕妆”。但防水性强的睫毛膏对眼部皮肤有一定伤害，卸妆时比较麻烦。

2. 睫毛的冷烫

烫睫毛是一项睫毛美化技术，睫毛翻翘的外形不仅能扩大眼形，也能使眼形更加完美、亮丽，再刷上睫毛膏，可明显改善和提升眼部美感。

（1）冷烫　现代烫睫毛技术是由冷烫头发的原理发展而来的，将睫毛均匀固定在卷芯上，再将冷烫水均匀加在睫毛上，一般烫8～10分钟，再用定型剂固定5～10分钟，便可用清洁液将睫毛上的冷烫精溶解，将卷芯取下，并将睫毛清洁干净。

经过冷烫的睫毛卷曲成型理想，且可以保持3个月左右不变形，这是一种常用的较为理想的睫毛造型方法。

如果想使眼睛更加迷人，烫好的睫毛在需要化妆时直接用睫毛膏涂匀，增强睫毛浓密的感觉即可。

（2）烫睫毛器　烫睫毛器是一种电加热器，通电后能产生稳定的热源，睫毛卷好后，利用热力让其定型，简便且易于操作，效果很好，对睫毛的损伤也较小。

3. 假睫毛的制作

使用假睫毛是一种较为理想的美化方法，且由于睫毛膏可以直接涂在假睫毛上，对自身睫毛伤害较小，因此颇受时尚女性的推崇。

目前在时尚影视界使用的睫毛种类有线织睫毛、绢边睫毛、合成睫毛、组合式睫毛和种植式睫毛等。这些睫毛色彩各异，有黑色、棕色、浅棕色、黄色、金黄色等；形式多样，有羽毛、丝绢花、卡纸等，可以根据角色或模特造型的需要，自由组合使用。各种假睫毛的制作方法如下。

（1）线织睫毛

用一根长30厘米的木条，在其两端各钉上一个钉子，挂上黑色的线(根据需要而定），挂紧后在线上涂一层薄薄的胶，选择粗细均等的头发丝（可以是真发，也可以是假发），从线的一头开始，用套马蹄扣的手法等距离地、一根一根地钩织。编织时一定要勒紧，并根据需要，将毛发根数控制为35～50根，织好后用胶水固定。

（2）绢边睫毛

将制作头套用的薄绢边剪下，绷在木头或胡托上，绷好后，在上面涂一层薄薄的U胶待干，以免脱线。用钩针将粗细均匀的头发等距离地钩在绢边上，一般要求挑最边缘的这根线，毛的根数与线织睫毛根数基本相同，可以钩成针脚长短不齐、位置交错的，也可以根据实际需要钩成一组一组的。

其成型方法：

①将织好的睫毛取下，按照要求的长度剪成一截一截的，将其修剪成型后涂上冷烫药水，烫好后取下。

②在钩好的薄绢上涂一层薄薄的胶水（例如U胶），使眼皮纱挺拔、有支撑力，卸妆更方便，还有保护绢边的作用。

③薄绢上涂好乳胶后，用小火剪的微弱温度，将绢边捋成眼皮形状。

④用睫毛胶在眼皮上粘贴这种绢边睫毛的好处：不仅解决了上眼皮睫毛需要装饰的问题，还可将内三角形、外三角形或整个眼皮下垂部分支撑上去；缺点：容易使外眼角睫毛挡住眼睛。

（3）合成睫毛

合成睫毛是先用绢边将线睫毛剪成眼皮形状或绢边眼形，之后将其黏合在一起，自然地形成一副睫毛。

其成型方法：

①将绢边眼皮贴好取下。

②将制作好的浓密适度、长短合适的线睫毛用浓乳胶粘在绢边眼皮上，这种睫毛有改善双眼皮下垂和上眼皮变形的作用，也可以解决外眼角被挡的问题，不仅可以随心所欲地移动到合适的位置，还可以用其他材料，例如鸵鸟毛、鸡毛等制作，在需要的位置粘好即可。

4. 假睫毛的装饰

（1）修剪 假睫毛修剪的方法有两种：一种是冷烫前修剪，另一种是烫好之后修剪。无论是哪种修剪，都必须先用热度适当的火剪将每只睫毛捋直，以免东倒西歪。修剪睫毛主要是用掏剪方法，掏剪时要注意，靠在一起的毛发不能剪成同样的长度，要有长有短；有的还要掏剪到靠线外，有的留1/2长，有的留4/5长。有规律的长短不齐会使睫毛显得真实，密度小能使睫毛空间合理，宛如真睫毛。

（2）形状 根据真实睫毛的形状，假睫毛要剪成扇形，同时还要注意内眼角应稍短，中间几根稍长，外眼角最长，可以得到加长眼形的效果。

（3）冷烫 将修剪好的假睫毛从线的一边展平，用小刷子蘸上冷烫药水刷在假睫毛上，注意要刷均匀，并用小梳子一根根梳直，然后用一厘米粗的竹棍或玻璃管卷紧，让其自然风干，并涂上固定剂使其固定成型。做好后还要再次修剪，待修剪成满意的形状后，保存备用。

5. 成型假睫毛

外购的成型假睫毛有两种，一种是整排的，一种是一根一根的，大都是用真毛或人工毛发制成的，使用假睫毛时要保持清洁，注意眼部卫生。

购买回来的成型假睫毛需用剪刀纵向剪掉一些（见图5-47），这样既可增加毛隙宽度，又可避免因太整齐而显得不自然。睫毛稍短或纤细的人粘贴假睫毛时不必从眼头一直贴到眼尾，应在内眼角和外眼角处稍留空一点，即从眼尾一侧量出2／3眼长，剪掉其余部分，可弱化人工睫毛给人的虚假感。

图5-47 假睫毛的修剪

假睫毛可使睫毛加长、加粗，变得更浓密，增添眼睛美感。

注意：一方面，初次使用假睫毛时，不要先涂胶水，反复试贴、达到理想效果后再涂胶水，这样可以避免眼睑被反复拉扯；另一方面，尽量不要贴到外眼角处。因为一旦将假睫毛粘贴到外眼角处，就会使眼睛看起来下垂，造成“八字眼”的效果，严重影响眼部美感。

戴假睫毛的步骤如下（见图5—48）：

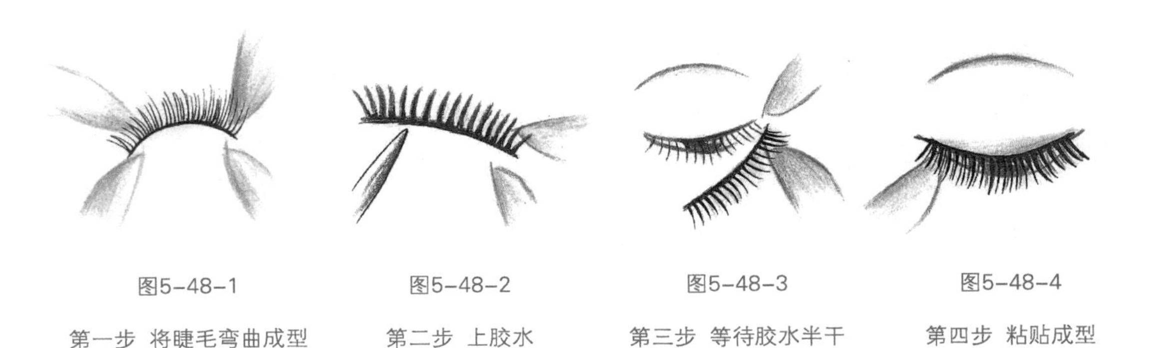

图5-48-1　第一步　将睫毛弯曲成型

图5-48-2　第二步　上胶水

图5-48-3　第三步　等待胶水半干

图5-48-4　第四步　粘贴成型

图5-48　假睫毛的佩戴步骤

五、鼻子的修饰

不同的种族，鼻子的外形各异，对鼻子的审美也不一样；不同的个体，鼻外形差异更大。何为鼻美？除鼻子的构造符合“黄金分割律”及其他形式美的规律外，更重要的是，鼻形应与脸型、眉眼、嘴唇及其他面部器官整体协调统一。例如，在东方人的脸上装上一个“美丽”的西方人的大鼻子，说不定会奇丑无比。

当然，如果鼻子确有许多外形上的缺陷，应到整容外科（美容科）就诊，进行必要的鼻整容手术。例如：塌鼻梁的美容整形，鹰鼻畸形的美容整形，鼻翼缺陷、鼻后孔狭窄或闭锁、鼻柱畸形的矫治，甚至酒糟鼻等也可以施以必要的医学美容手术加以修饰。从生活美容的范畴来讲，怎样利用化妆等技巧来美化自己的鼻子呢？

一般情况下，面部化妆包含鼻子的化妆和修饰。对正常外形的鼻子来说，化妆时可在鼻根和内眼角凹下去的部位适当加些阴影色，让它显得深一些，而且与眼影融为一体即可。在化妆中，另一个要注意的就是鼻侧影的描技，一般是在内眼角处点上深褐色的阴影色，用指尖向眉头、上眼睑、鼻尖方向晕染，颜色要完全晕开，不能界线分明，给人一种一条线的感觉。

1. 标准鼻形

标准鼻形的长度为人脸的1/3，鼻子的宽度为脸宽的1/5。鼻根位于两眉之间，鼻梁由鼻根向鼻尖逐渐隆起，鼻翼两侧在内眼角的垂直线上(见图5—49、图5—50）。

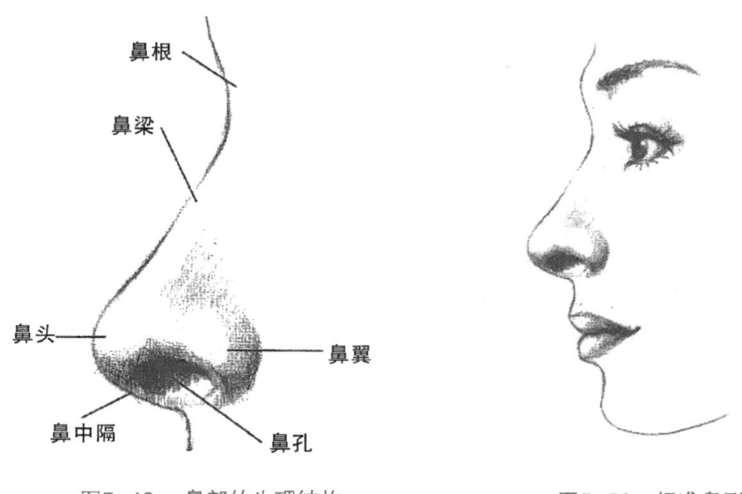

图5-49　鼻部的生理结构　　图5-50　标准鼻形

2. 鼻子的修饰

（1）涂鼻侧影　用化妆海绵或手指蘸取少量阴影色（若用眼影刷时可蘸取少量褐色眼影粉），从鼻根外侧开始向下涂抹，直至鼻中上部逐渐消失；若进行舞台或影视化妆时，可向下延长至鼻尖部。

（2）高光色　根据东方人的面部特征，在鼻梁正面由鼻尖至鼻根部进行提亮，尤其是鼻根部，应着重提亮。

3. 注意事项

（1）鼻侧影的晕染要符合东方人的面部特点，晕染时应注意色彩变化规律，即在鼻根处应略深一些，并与眼影自然衔接。

（2）鼻侧影与面部粉底相衔接部分的色彩要和谐，以没有明显的界线为佳（舞台影视妆可稍稍明显一点，以增加面部立体感）。

（3）鼻侧影晕染时应注意左右两侧对称。

（4）鼻梁上高光色应符合鼻部生理结构特征，宽窄适中。最亮的部分应在鼻尖，因为这里是面部的最高点。

六、唇部的修饰

娇艳柔美的红唇是女性风采的重要组成部分。目前世界上流行的唇膏色彩趋势更是打破了以往以红色为主的情况，蓝、绿、紫、银、白、灰、金黄等多种色彩开始流行。唇膏可加深及修饰唇部的轮廓，并表现出鲜嫩的色泽及生动、有魅力的外观。

在生活中，一般应选择与天然唇色相近的色泽，可表现出嘴唇软、湿润、鲜嫩的感觉；在特殊社交场合如舞会、宴会等则应选择色彩强烈的唇膏。

图5-51 理想唇形

对唇部进行修饰，首先要了解唇部的解剖与生理知识。理想的唇形（见图5-51）应该轮廓清楚，下唇略厚，大小与脸型相宜，唇结节明显，嘴角微翘，整个嘴唇富有立体感。从外形上，唇可分为厚嘴唇型、薄嘴唇型、上翘唇型、下挂型、理智型、瘪上唇型等。

1. 标准唇形

（1）唇部的结构和类型

嘴唇由皮肤、口轮匝肌、疏松结缔组织及黏膜组成，上唇的正中有一个长形凹沟，称为人中沟，人中两侧隆起呈堤状的部位为人中嵴，嵴上有两个突起的高峰称唇峰，上下唇黏膜向外延展，形成唇红，唇红与皮肤交界处是唇红缘，形态呈弓形，称为唇弓。红唇中央有一突起的唇红结节，又称唇珠，儿童比较明显。下唇较突出，下沿有明显的轮廓。口唇赤红色部分称唇红。唇红缘与皮肤交界处有一白色的细嵴，称皮肤白线或朱缘嵴（见图5-52）。

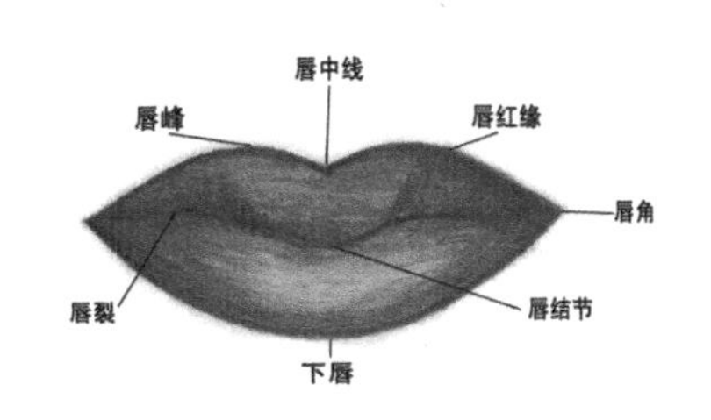

图5-52 唇部各部分名称

唇部是面部最生动、最鲜艳的部位。标准唇形的唇峰在鼻孔外缘的垂直延长线上；唇角在眼睛平视前方时眼球内侧的垂直延长线上；下唇略厚于上唇。下唇中心厚度是上唇中心厚度的2倍；标准唇型应当轮廓清晰、嘴角微翘，整个唇富有立体感。

人们对唇的关注，与人内在的情感因素有关。从性心理角度说，唇有性暗示作用，并使之升华为一种美感。大量有关爱情的诗歌里对唇有很美好的描述，有些作品并没有对唇部的颜色及形状进行描写，却也能让人感觉和想象出唇部的魅力。因此，唇部的象征意义是其产生美感的根源。另外，唇的形式美也是客观存在的，包括唇的形态美、曲线美、质地美、色彩美等。

（2）不同的唇形给人的感觉是不同的

①标准唇形　唇峰位于唇中线至嘴角1/3处，给人以端庄、亲切、自然的印象（见图5-53）。

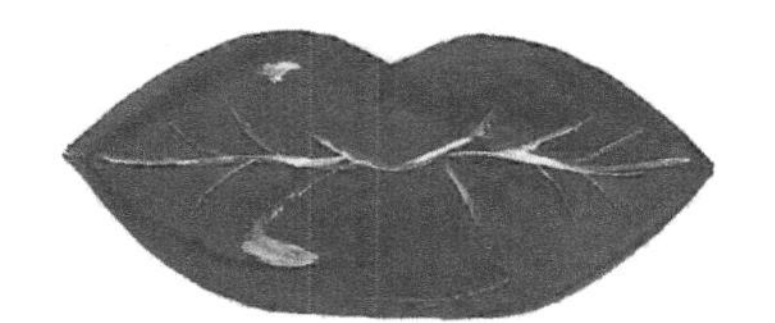

图5-53　标准唇形

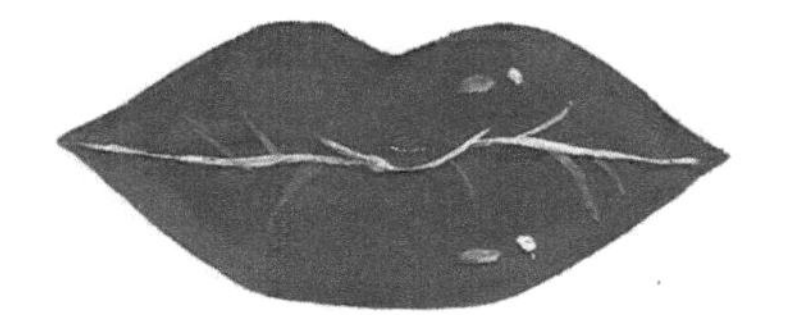

图5-54　丰满唇形

②丰满唇形　下唇丰满、上唇圆润，唇峰位于唇中线至嘴角的1/2处，唇形轮廓均匀圆润，唇峰的高度与下唇厚度相同，给人以热情大方、丰满的感觉（见图5-54）。

③性感唇形　唇峰分开，位于唇中线至嘴角的2/3处，唇形轮廓均匀、圆润，犹如一对花瓣，给人以优美、热情、微笑、性感的印象（见图5-55）。

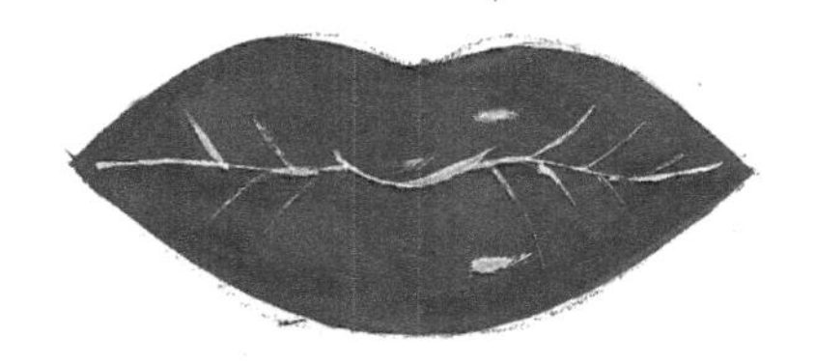

图5-55　性感唇形

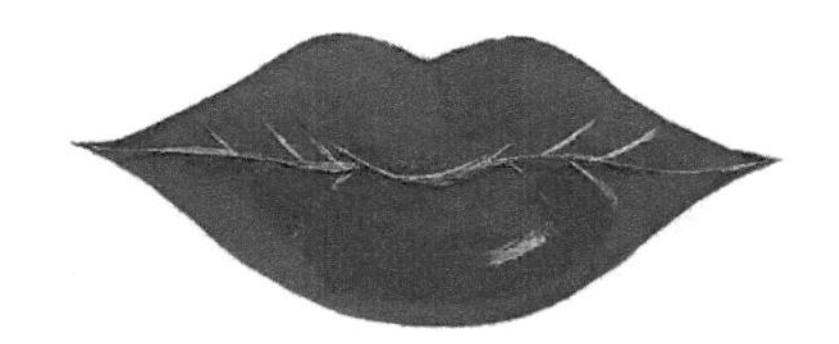

图5-56　上翘唇形

④上翘唇形　上唇圆润、唇峰靠近，又称可爱型唇形。上唇呈心形，下唇较丰满，给人以可爱、年轻、娇小、甜美、微笑、讨人喜欢的印象（见图5-56）。

⑤理智唇形　唇峰突出，略尖锐，嘴角略上提，看上去较凶，给人以冷峻、严肃、严厉而理智的男性化印象（见图5-57）。

⑥口角下垂　给人以生气、不满意、要哭泣等印象（见图5-58）。

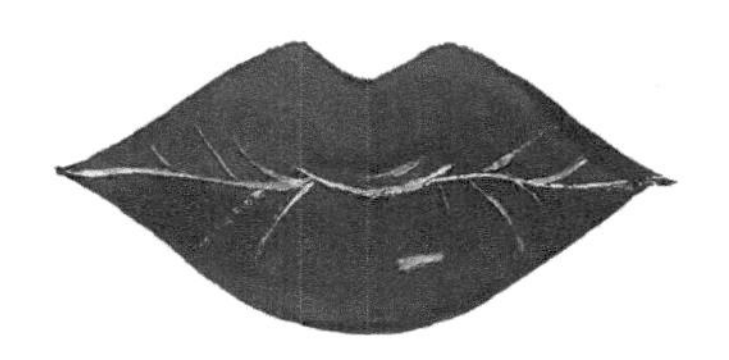

图5-57　理智唇形

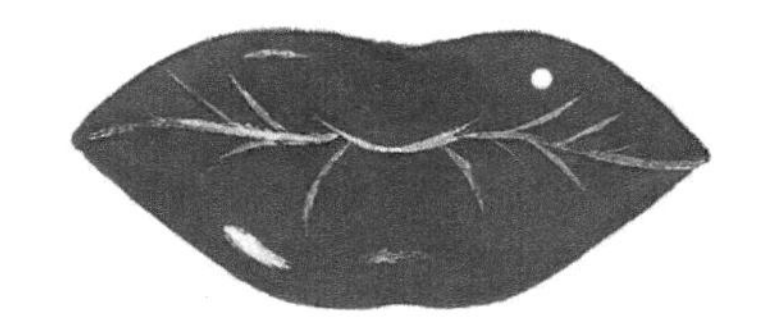

图5-58　哭泣唇形

⑦其他唇形　此外，还有可爱唇（见图5-59）、小巧唇（见图5-60）、拱形唇（见图5-61）、迷你唇（见图5-62）、微笑唇（见图5-63）、俏皮唇（见图5-64）、委屈唇（见图5-65）、樱桃唇（见图5-66）等。

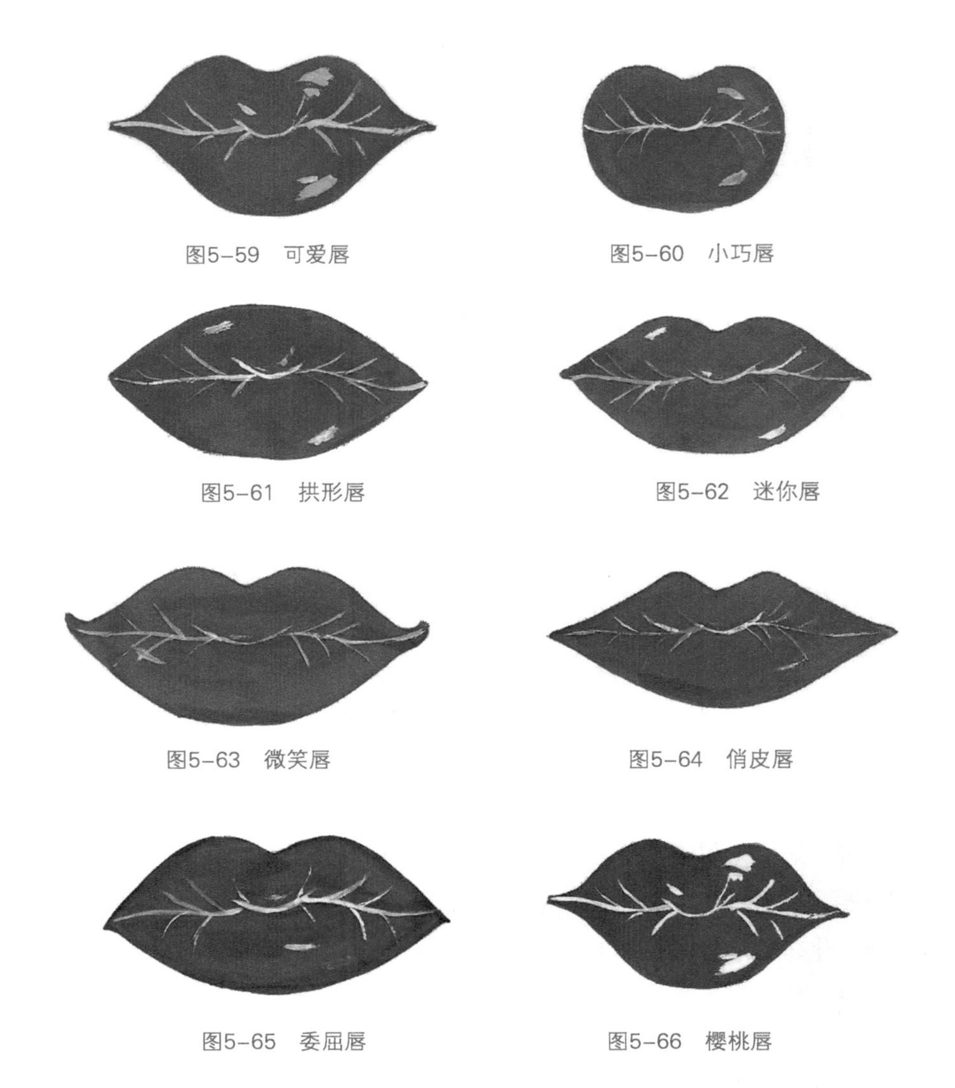

图5-59 可爱唇　图5-60 小巧唇

图5-61 拱形唇　图5-62 迷你唇

图5-63 微笑唇　图5-64 俏皮唇

图5-65 委屈唇　图5-66 樱桃唇

2. 对唇膏的认识

（1）唇膏的成分　唇膏是以蜡、油脂、奶油状脂肪原料聚合物、矿物、稳定因子色素和有机色素合成的复合成分为原料制成的。

①油脂　以蓖麻油为主要成分，还富含其他多元不饱和脂肪酸类的植物油，合成油也有应用。

②奶油状脂肪原料　主要是羊毛脂及其衍生物，这些物质具有润滑性和保湿性，对脆弱柔软的唇部有保护作用。

③矿物色素　矿物色素主要含有铁和钛的氧化物等，如云母钛等。

④稳定因子　稳定因子可使脂肪避免氧化，控制微生物传染，并稳定其他成分的结构。

现代唇膏还会添加许多保养成分，例如，维生素 E 和其他多种维生素、滤光因子、保湿修护因子等。

（2）唇膏的种类　唇膏种类繁多、品名各异，一般根据其功能可分为以下几大类：

①亮光唇膏、唇油　亮光唇膏的主要功能是强调光泽。其成分中油质较多，一般涂抹在唇中间，可增加唇部光泽。

②荧光唇膏、唇彩　荧光唇膏内含珍珠粉，在光源照射下能产生华丽感。珍珠粉附着性强，使唇膏不易脱落，珍珠粉还有良好的保健功能。

③普通唇膏　指平时所用的唇膏，用后可产生适度的光泽，根据颜色不同，可分为很多种类型。

④粉质唇膏　又称为亚光唇膏。把唇膏做成粉质，可自然细致地表现出唇纹，用后既真实又性感。但由于其中油脂含量较少，现在已经较少使用。

⑤护唇膏、油　护唇膏分有色、无色两种，有色护唇膏亦可代替口红使用。护唇膏除可以提亮面部、增加美感以外，主要功能是保护唇部，可滋润干燥的口唇，还可以防晒。

（3）怎样选配唇膏　选择唇膏的颜色是唇妆的关键。大部分唇膏虽是红色，但也有许多差异，如红、茶红、深红、粉红、山楂红、橙红、褐红等。不同的红色可以有不同的生理效应，如红色富有生气、艳丽，茶红沉着高雅，棕红清秀洒脱，桃红鲜嫩可爱，玫瑰红热情娇艳，珠光唇彩光耀夺目等。但也有一些时尚新潮、绚丽或前卫的唇膏，例如银灰、紫黑、蓝绿、橙色，甚至黑色等。

口唇是面部整体的一部分，唇部的化妆不仅与面部妆容有关，而且应该与全身色彩和谐统一。唇膏的选择，需考虑多方面的因素。

①根据皮肤颜色选择唇膏颜色

肤色白的人，适合任何颜色的唇膏，但以明亮色彩为宜。

肤色黑的人，适合褐红、暗红等明亮度低的色彩。

肤色黄的人，应尽量避免使用黄色系唇膏，多选带红色的玫瑰色系，以增加唇的明亮感。

颈部有色素斑或者其他斑点者，除了可以用遮瑕笔遮盖以外，还应选用色彩强烈的红色系来强化唇部，吸引他人的视线，让人注意唇部而忽略其他部位。

②与年龄相适　例如，橙色特别适合年轻活泼的女孩子，因为橙色有红色的热情和黄色的明亮，年轻女孩涂上橙色唇膏，可给人以时髦、大方活泼之感。

粉红色给人以年轻、温柔、甜美的感觉，会给年轻人带来青春和健康的气息。

褐红色系是一种接近咖啡色的颜色，这种唇膏给人成熟优雅、端庄大方的感觉，自然更适合于中老年人使用。

③与服饰相配合　唇部色彩原则上要与服饰的色彩相配合，例如，粉红色唇膏若配上相同颜色的服饰，更能展现年轻人青春和健康的气息。

④与场合相适应　唇膏应与环境、场合相适应。一般生活环境中，不宜选择十分鲜艳的唇膏及深色唇膏，而应选择与天然唇色相近的，以能表现出嘴唇柔软、湿润、鲜嫩感觉的唇膏为宜。在舞会、宴会或一些灯光装饰性场合，运用色彩强烈的唇膏则非常必要，是和环境相协调的正确选择。

⑤与其他因素和谐　唇膏的色彩应与眼影、腮红是同一色系的，还要与个性协调。外向活泼的个性宜选用红色、玫瑰红及其他艳丽之色；内向沉稳者宜选用茶红、棕红、褐红等色彩。

3. 唇的化妆技巧

（1）确定最佳唇形、描画唇线　唇是人们注视的焦点之一，它和眼睛一样是人们表达情感的重要器官，它能说话，能传情，是面部的魅力点。唇部也是女性最性感、最生动的部位，唇部的化妆无疑会使女性更迷人，更富有魅力。要使嘴唇的化妆更艳丽动人，需要讲究唇部化妆的技巧。确定唇形、描画唇线是首要步骤。应该了解自己的唇形，利用画唇线的技巧，画好自己最理想的唇线。画唇线可改变嘴唇的大小、厚薄，使得唇部轮廓清晰、生动感人，并且可以防止唇膏或唇油外溢。画唇线可由上唇开始，由右边唇角画至唇中央，再由左唇角画至唇中央，下唇采用同样的画法。

（2）涂抹唇膏的技巧　涂唇膏时要力求平滑光泽，均匀饱满。涂前先上一点粉底可使唇膏保留较长时间，上完后可用面巾纸轻轻放在上下唇之间抿一下，吸去多余的油脂，再涂抹一遍唇膏，可较长时间保持唇膏不掉色，也会使色彩更均匀。唇膏涂好后可上光亮唇油，使嘴唇显得饱满，富有立体感。

（3）多色立体晕染唇妆技术　用明暗、深浅不同的唇膏颜色，以表现立体唇形。具体操作如下：

①先描画唇线。

②选择适合的唇膏颜色，用唇刷刷均匀。

③在口角两侧涂上与服饰颜色搭配协调的深色，深色有缩小唇部的作用。

④再用上下画法涂上浅色唇膏，只涂在中间。颜色可用白色、银色或灰色甚至金黄色，加色要小心涂匀，不能有明显分界线。浅色有提升、强调、集中的作用，使人更有朝气、更有精神。

（4）俏丽丰满的性感唇妆画法

上唇要圆，且带有弧形，如同花瓣；下唇要丰满，上下唇之间要用稍深一点的颜色画得“凸”出来，要描粗一些，上唇中间可加一条直线，再用唇刷刷上鲜红的唇膏，看上去鲜艳、丰满、性感，有强烈的视觉效果（见图5–67）。

图5–67 俏丽丰满的性感唇

（5）唇部修饰的要点

①画唇线时，唇线轮廓线条要流畅，左右对称；色彩要与唇膏色相一致，并应当略深于唇膏色。

②涂抹唇膏色时，应当上唇深于下唇，唇角深于唇中；唇膏色泽要饱满、湿润，充分体现唇部的立体造型，并应当与眼影色系和谐。

（6）唇膏的色彩与个性

唇膏颜色种类很多，每种色彩具有不同的特性，色彩的选择要结合年龄、职业、环境、性格，还要考虑到肤色、妆色、服饰和流行风潮。以下介绍几种色彩的特性。

①玫瑰色 玫瑰色是一种较明亮的色彩，显得丰腴、成熟、奔放，适合成熟女性，结婚时喜庆色彩较浓。

②桃红色 桃红色是一种较明亮的色彩，显得甜蜜、优美、华丽、活泼、可爱，适合少女使用。

③朱红色 朱红色应用范围极广，显得热情、活泼，能表现温柔、成熟的性格，适合已婚或中年女性。

④橙色 橙色显得明亮、健康、年轻，能表现温柔、乐观、坦率的性格，适合青春少女使用。

⑤褐色 褐色显得稳重、端庄、富有个性，为追求时尚潮流的白领丽人所喜爱。

⑥豆沙色 豆沙色可表现自然朴实、善良温柔的性格，为中年女性所爱。

⑦浅粉红色 浅粉红色可以略显出可爱的朦胧柔和气质，适合天真、文静的女孩使用。

⑧黑色 黑色包括褐黑、栗黑、棕黑、紫黑等。21世纪初期的唇色一反常态，黑唇成了叛逆的时髦，它跳出了红色的传统框框，向世俗挑战。黑唇为前卫时尚女士们所钟爱。

七、颈部的修饰

完成发型和面部的化妆后，要使面部色彩和身体的色彩很好地衔接，使化妆风格与服饰设计协调一致，还要使脖颈的可见部分和面部的妆色相和谐，所以脖颈部分也必须进行修饰。颈部修饰可用比基础底色深一号的颜色轻轻涂抹在衣领以上的暴露部位，再用定妆粉定妆即可。

中老年人颈部多皱纹，化妆前应充分保湿，尽量不用定妆粉定妆，直接用餐巾纸吸干即可；皱纹太多需要遮盖时，需先粘贴一层薄的化妆纱，将皱纹遮盖后再上粉底，尽量不用定妆粉定妆。

八、化妆的注意事项

为了达到自然美的目的，化妆时应力求柔和协调，并做到细施轻匀，既要有形与色的渲染，又要富于自然气息，使他人难以看出明显的涂抹痕迹和晕染界线。特别是眼影、腮红部位的晕染，更要注意这一点。

化妆基础底色的色彩要与肤色相似，要讲究色调的统一和颜色的适中。例如肤色白的人应选用比肤色略深一号的粉底，胭脂和口红也应选用浅淡色；肤色较深的人应选用玫瑰色密粉或较原来肤色略深一号的密粉，采用深色的胭脂和口红等，与肤色的反差不能太大。生活化妆切忌颜色的堆砌，要是在脸上厚厚白白地涂上一层基础底色，看上去像戴着假面具，当然也就没有美感可言了。因此，切忌在原有化妆的基础上，再涂抹化妆品，会显得不伦不类。

化妆色彩要与季节、场合相适宜，在不同的季节和时间，应选用不同的色彩。譬如在炎夏酷暑时应采用冷色系的化妆品，化妆后让人产生清新、凉快之感；冬天气候寒冷，应采用色彩鲜明的暖色调化妆品，鲜艳的色彩会使人感到温暖；晚妆要浓而艳丽，色彩丰富，加强立体感，会更显得明艳，轮廓分明。

化妆更要因人而异，充分重视个体性别、年龄、职业情况，尤其是个性特点及其社会角色因素。化妆的目的是美化个体，化妆得当可以增加个人魅力。一名杰出的形象设计师应该了解，将目前最流行的化妆方法应用到肤色完美、相貌出色的模特身上可以产生最迷人的效果，而把同样的化妆品及化妆方法应用在一般人身上可能会产生不伦不类的效果。完美的化妆应该配合模特本身的条件，为他（她）创造出属于他（她）个人独特风格的美，让模特建立起对自己容貌的信心，让形象设计师所塑造的美丽成为属于他（她）自己的自然的美丽，这样化妆才不会显得矫揉造作。

化妆要扬长避短。每个人都要了解自己的短处，这是对的，但又不能总盯着自己的不足之处，应当以化妆来弥补这些不足。化妆时注意这些不足，尽力加以弥补是对的，但又不可只重视缺点，还要注意突出自己的优点，采取扬长避短的方法，效果往往更好。

化妆还要注意与服饰相配合，尤其是化妆色彩要与肤色、服装、饰物等处于同一个中心要素之中，当然还要考虑到质感、厚感、光感、线感等诸多方面的协调性，充分强调化妆的整体协调效果。

思考题

1.简述基面妆的化妆技巧。

2.怎样做好骷髅妆的定位？

3.简述眼部的结构分区。

4.简述眼部化妆要点。

第六章 面部及五官的矫正化妆

本/章/重/点/与/难/点/提/示

一、重点

面部及五官的矫正化妆。

二、难点

1.熟练掌握面部及五官矫正化妆技巧。
2.熟练掌握矫正化妆的注意事项。

化妆造型中，利用不同的化妆手段、色彩的性质及运用在面部的线条形状与位置的不同，给观察者造成一种视觉错觉，从而使面部形象大大改观，既能使整体形象造型得天独厚的个性优点得以保留、发扬或加强，也可使一些遗憾和不足之处得以修正和弥补，这种化妆手法被称为矫正化妆。矫正化妆存在于一切化妆和时尚造型艺术中。矫正化妆造型的技巧有多种，主要有利用高光色与阴影色的错视法、局部转移整体的矫正化妆、强调色彩调和的化妆、色块牵引的化妆技巧等。

第一节　矫正化妆的依据及常用方法

矫正化妆有广义和狭义之分。广义的矫正化妆是指通过发型、服装色彩及款式、服饰及化妆等手段对人物进行总体的构思，赋予人物形象生命活力，起到美化、提升整体的作用，这是矫正化妆的最高境界；狭义的矫正化妆是指在了解人物特点及五官比例的基础上，利用线条及色彩明暗层次的变化，在面部不同的部位制造视错觉，使面部优势得以发扬和展现，使缺陷和不足得以改善，这是化妆师应该掌握的最基本技能。

一、矫正化妆的依据

1. 妆型分析

进行矫正化妆时，化妆师必须具备对人物原型分析定位的能力。通过对整体的塑形构思，使其发扬个性特征，削弱不利因素，恰当地运用不同化妆手段和技巧有效地塑造妆型，使其符合妆型特征。形象设计师必须考虑矫形手段是否与妆型相配，妆型的特点决定所选用的矫形手段，不能为了追求矫形效果而盲目地使用矫形技法，造成不真实的效果。

2. 头面部骨骼肌肉长势成形分析

化妆是用颜色在脸上作画，其重要依据是人的头面部骨骼结构，因此，面部的解剖学特征是矫形化妆的生理基础。只有对头面部骨骼结构有了透彻的了解，才能塑造真实立体的、具有表现力的艺术形象。所以，不能忽视骨骼结构的形状及其特点。

如前文所述，形是指物体的形状和体积。凡是具有一定的形状、体积的物体都是由许多朝向不同的面组合而成的，结构只能决定外在形象的内在结构和组合关系。例如人体头面部是由许多块形状不规则的骨骼构成的，各骨骼上又附着有不同厚度的肌肉和脂肪，因此形成了角度转折、弧面转折、凹凸转折等复杂的体与面的关系。由于每个人的面部骨骼大小不一、脂肪厚薄不均，这些差异形成了千差万别的个体相貌。每个人都有自己的特点，而面部的每个部分或器官都与其他部位紧密相连。我们要把这些骨骼肌肉看成多个不同的三维立体结构，设计师必须要依据骨骼、肌肉的长势成形情况，对人物原型进行分析和定位，最终进行必要的矫形化妆。

东方人面部结构较平缓，脸型较宽，面部较平，颧骨宽阔，无明显凹凸层次，鼻型圆润，鼻梁稍平，鼻翼较宽，眼睛稍肿，下巴微翘，化妆时应特别注意突出修饰面部的凹凸结构变化。

3. 脸型与五官比例配合分析

在化妆造型中，观察能力是化妆师必备的素质之一。观察什么呢？首先应当观察人的面部五官比例，关键是要在掌握标准五官比例的基础上找“平衡”。这是矫形化妆的中心环节，因为它是判断人外部美感的最直观、最主要的特征。判断脸型主要是看脸部的外轮廓形态，而判断五官则看五官在脸部的分布情况，最主要的是脸型与五官之间互相照应的关系是否达到了协调统一。

在矫正化妆中，化妆师所谓的“平衡”有两层含义：一方面是指面部五官要左右对称，当我们仔细观察矫正化妆人的面部时会发现，人的面部五官都存在着微小的差异，如左右眉毛高低不一致、眼睛一大一小、嘴角一高一低等。因此，化妆师要善于运用化妆技巧进行矫正。另一方面是指在具体刻画某一局部时，化妆师在掌握五官标准比例的基础上，找出不平衡之处，并加以矫正。

依据标准的面部比例关系，我们要运用形与色的造型原理及其产生的视错觉现象，对面部不足或需要改善的部位进行适当的修饰，以达到预期的造型效果。修正一个脸型，就像素描绘画，是从整体意识入手到局部刻画，再回到整体塑造的反复过程，要在面部轮廓和五官的矫正上下功夫，才能达到理想的境界。

4. 皮肤纹路与斑质分布分析

皮肤纹路的走向、深浅，色斑肤质分布的区域、面积能体现出人的年龄感和性格特征。在实施矫形化妆时必须采用恰当的矫形手段，使皮肤呈现健康、润泽的色彩和理想的标准面型。譬如东方人肤色偏黄，缺乏立体感，可利用底色（即使用淡紫色作为妆前抑制色）使偏黄的肤色得以矫正；当外眼角下垂或鱼尾纹较重时，可以用矫形化妆中的牵引法等常用方法加以改善。在化妆之前应仔细观察化妆对象的面颊、前额、颈部的自然肤色，根据化妆对象自身的肤色来选择与自然肤色相贴近的粉底；有明显皱纹时应预先做减皱处理；色斑或微丝血管破裂者应用遮瑕笔或淡绿色粉霜做特别遮盖或妆前抑制处理；皮肤明显干燥缺水者首先应当充分保湿，并涂上足够量的保湿霜，必要时可以涂抹3～4遍保湿霜，以免出现细碎皱纹等。

5. 气质倾向分析

只有气质倾向分析是不属于解剖生理学分析范畴的。气质倾向的把握是靠仔细的观察、认真的倾听以及有针对性的交谈而获得的。作为高水准的化妆师，最深刻、最有水平的分析实施结果莫过于抓住模特的气质倾向，采用恰当的技巧来进行矫正，并综合整体形象予以协调，这样才能得到最佳的矫形效果。

二、矫正化妆的常用方法

矫正化妆的常用方法有以下几种。

1. 错视法

错视法是指色彩在光影错觉条件下，使物体的“形”产生视错觉变化。现代的光效应艺术，利用某些科学原理在画面上借助形状大小排列、层次深浅退进、色彩冷暖穿插等造型手段，能设计出特殊效果，产生类似流动、旋转等极富动感的视错觉艺术效果。

我们利用色彩的明暗、冷暖，来强调面部凹凸结构层次的变化；利用点的大小、线条的长短及光影错视来矫正五官的不协调；利用色彩的搭配与对比的效果，使人们的眼睛产生视错觉效果。色彩的合理运用可使歪的显正，平的显凸，这是最常用的矫形方法。

在整体的形象设计中，视错觉的应用是取得美学效果的重要方法。例如化妆时脸部较大的女性可选择略深一些的色彩，利用深色的收缩原理（视错觉效应）得到收紧面部的效果；相反，脸部瘦小者妆色宜选浅而明亮的色彩，利用其膨胀的视错觉效果使面部扩大、明朗。

2. 牵引法

牵引法是医学上骨外科常用的防止或矫正肢体畸形的一种措施，后被用来作为矫形化妆造型的常用方法。牵引法一般有两种：一是在适当部位将牢固性强的化妆纱粘贴在肢体皮肤上；二是将模特自身额头两边毛发编结成小辫，然后用力向后拉紧松弛的皮肤，使其皱纹和下垂现象减轻，例如改善眼角两侧的鱼尾纹及下垂的外眼角等，进而使其年龄感下降，并且这还可以改变脸型。

3. 填充法

填充法是利用填塞物的填充作用使原本干瘪、不成型或量过少的地方显得饱满。填充物可以有很多种，常见的有真发丝或化纤材料做成的假发、盘花、发辫、发髻、道具、棉花等。例如盘发时头发太少，可以填塞些假发使其发量显得多一些；当两颊显得瘦削时，在口腔中填塞棉花或糖果可以使面部显得丰满。

4. 掩饰法

掩饰法是借助发丝或饰物遮盖缺陷和不足部位。例如用不对称的发型遮盖两侧宽窄不同的下颌骨；用帽子掩饰过长或过短的脸型；用墨镜掩饰眼疾等。

5. 粘贴法

粘贴法是利用与皮肤接近或有装饰作用的物质，使其附着在皮肤上掩饰皮肤问题。例如用化妆纱贴在眼袋部位或伤疤部位，以改善问题皮肤的视觉效果。

第二节　面部比例的矫正化妆

一、面部纵向比例不协调的矫正化妆

根据“三庭五眼”理论，面部纵向比例不协调主要指上庭长、上庭短、中庭长、中庭短、下庭长、下庭短等所谓三庭比例失衡，导致面部不协调、不美丽。我们可以利用视错觉的原理，通过矫正化妆技术恢复面部比例的平衡。应当注意的是，面部底色修饰的阴影色和提亮色要过渡自然，并保持妆面干净。

1. 上庭长的矫正化妆

中庭和下庭长度正好，唯上庭长，修饰时可利用阴影色或刘海遮掩等方法。若脸长且呈菱形，可用刘海或者额头卷发等，将过长的额部适当遮掩；亦可在发际的边缘运用阴影色，靠近发际处色深，而额部中央提亮。阴影色可产生收缩、后退感，使额部在视觉上产生缩短的效果。

2. 上庭短的矫正化妆

一般上庭长度略短者，若是长脸或鞭形脸，主要是采用刘海遮盖的方法弥补缺陷；若是方脸、圆脸、短脸，可采用吹高额前刘海，充分显露额头的方法，使人产生上庭延长的错觉。

3. 中庭长的矫正化妆

中庭长者一般鼻子较长，修饰的要点是使鼻子产生缩短的视错觉。高鼻梁者不宜用提亮色；鼻梁不高者，提亮色只限用于鼻梁中部，以下逐渐淡薄，并且在鼻子中段的两侧或眼头部位开始画鼻侧影，向下逐渐减弱、变淡。鼻头略长者可用阴影色或腮红色从鼻中隔向上稍加晕染，运用得当可缩短鼻尖。

4. 中庭短的矫正化妆

中庭短看起来就是鼻子偏短，矫正方法是运用提亮色从两眉头晕染至鼻头或鼻中隔。鼻侧影可从眉头开始，一直延伸至鼻翼，在鼻梁处可用一些带荧光成分的高光色提亮。中庭短者一般为低鼻梁，矫正低鼻梁时可用浅棕色或浅褐色晕染在内眼角与鼻根中间，再向鼻梁方向浅浅地晕染，在此线条靠近内眼角的一侧再用提亮色稍稍反衬，以表现出面的转折；在鼻梁处应用高光色提亮，最好用一些带荧光成分的浅乳白色或麦芽色提亮，效果会更好。

5. 下庭长的矫正化妆

上庭和中庭基本相等，下庭稍长，下巴也偏长时，矫正的目的应当是缩短下巴。可用阴影色在下颏底部及两侧从下向上晕染，使之产生收缩感（亦可用修容饼修容）；对直而长的下巴可在下颏沟（下唇与下巴底部之间的一条半月形沟）用阴影色加深，在阴影色下方用亮色反衬，使下巴有向前翘出的转折，可产生下巴收缩的效果。

6. 下庭短的矫正化妆

下庭短者，下巴也短，可以用提亮色集中在下巴尖端，向上与基础底色融合，利用视错觉制造延长下巴长度的效果。

二、面部横向比例不和谐的矫正化妆

根据“三庭五眼”理论，判定横向比例是以模特自己眼睛的长度作为衡量单位的，确定面部的横向距离应是5个等分眼距，尤其是两眼之间的距离长短更是横向比例不和谐的矫正重点。

1. 眼距过宽的矫正化妆

一个人的眼距过宽，会使人显得笨拙，产生呆傻之感（患霍纳氏综合症的呆傻儿童就具有此特点）。矫正方法：眼影不要向外眼角方向晕染，眼线起笔位置略偏向内眼角；眉头距离以一只眼的长度为标准，不要处理得太远；画眼线时，外眼角不能延长，尽量向内眼角方向描画；鼻侧影的修饰可用浅棕色的线条加在内眼与鼻根中间，再向鼻梁方向浅浅地晕染，在靠近内眼角的睫毛根部用一些提亮色反衬，表现出面的转折，并在此转折凹陷处加上阴影色；眼影和鼻侧影要有机地连在一起，眼影色尽量向鼻侧影方向靠近。经以上综合处理后，眼距就会呈现收拢靠近的效果。

2. 眼距过近的矫正化妆

眼距太近时，可利用眼线、眉毛、眼影、鼻侧影等部位的不同位置和色度进行处理并予以矫正。以下几点尤其值得注意：眉头距离不要太近，两侧画眉起笔点距离要拉远，略宽于一只眼的长度，眉头之间的杂乱眉毛要全部拔去；眼线在外眼角可自然地略微伸展并延长，有拉大眼距的效果；而向内只能画到整个眼睛的中间距内眼角1/3处，切忌画到内眼角（创意化妆除外）；眼影要向外眼角延伸，结构色起笔位置可略微外移；鼻侧影不要处理得过近过深，可采用在两眼角水平线部位修饰鼻侧影，而且使用于鼻梁两侧的办法；若眼距小、鼻梁又低，可用浅红色或驼红色做鼻侧影，重点放在鼻根处，用高光色提亮区来表现。综合处理后，眼距可显现正常的视觉效果。

第三节 脸型的矫正化妆

一、长脸型的矫正化妆

长脸型特征：两颊消瘦、面部不丰满，三庭过宽，会给人棱角过于突出、生硬，缺少生气的感觉。

图6-1 长脸型的矫正化妆

长脸型的右侧为上挑眉型，左侧为水平眉型。挑眉或有棱角的眉会使脸更方更长（见图6-1右部）；上挑眉有拉长脸部的效果，使原本较长的脸部显得更长，所以是错误的画法。

长脸型的左侧为水平眉型，眉弓稍弯，有柔和的感觉，通过发型及矫正化妆后给人亲切、圆润、温柔的感觉，可以去掉长脸型过于明显的长方立体感觉，增加脸型的圆润感和女性魅力（见图6-1左部），所以左侧的画法是正确的。

长脸型的矫正化妆手段包括：

（1）阴影色与高光色　在前发际线边缘及下巴底部的上下两处用阴影色或深色修容饼晕染，收缩脸部，并与修饰面部的粉底自然过渡，阴影色的收缩和后退感造成的视错觉，可使脸部的长度缩短；同时应将脸部内轮廓的区域提亮，越靠近正中线区域亮度越高，增强长脸型的收缩效果。注意内外轮廓要过渡自然。

（2）面颊　腮红应横向晕染，可以产生横向丰满的感觉，从而得到瘦长脸型偏短、柔和的视觉效果。

（3）唇膏　嘴唇应适当突出丰满、润泽的感觉；唇膏色泽要丰富、饱满，不要描画得过小，尤其应注意横向描画；唇峰要圆润、丰满，可适当分开，增强圆润的效果。

矫正长脸型的发型设计或服装设计，请参照《时尚形象设计导论》之发型设计或服装设计的相关章节。

二、圆脸型的矫正化妆

圆脸型的特征：额骨、颧骨、下颏、下颌转折角度小而缓慢，面部肌肉丰满，脂肪层较厚，脸的长度与宽度比例小于4：3，给人过于圆润、缺乏立体感的印象（见图6−2）。

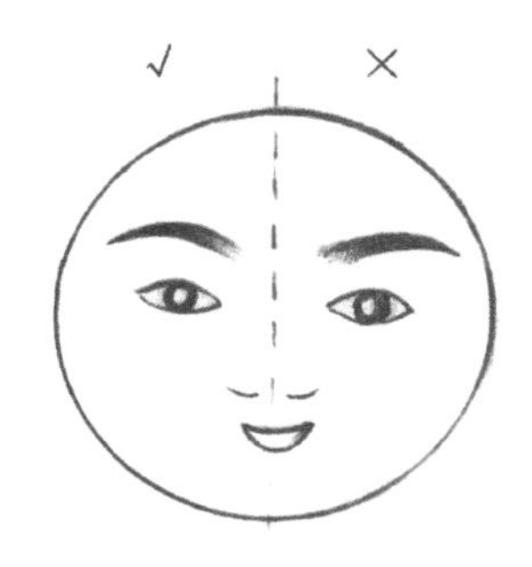

左为上挑眉形　右为水平眉形

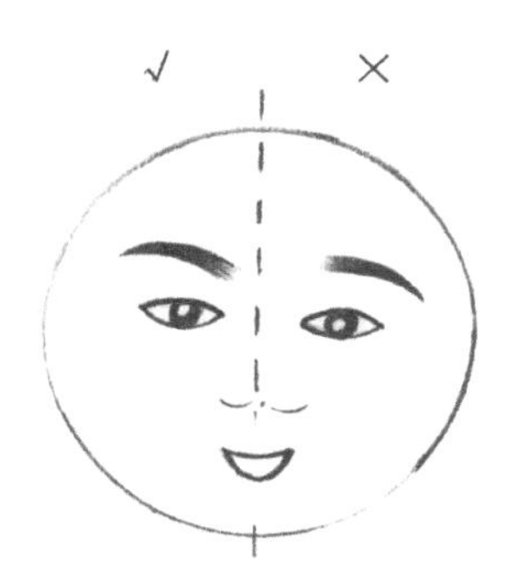

左为上升眉形　右为下垂眉形

图6−2　圆脸型的矫正化妆

修饰圆脸型，除发型要高耸，给人以拉长脸部的错觉外，化妆时还要注意加强面部的立体结构及骨骼构造描述，增强力度。具体应用包括以下几点：

（1）用比模特肤色深一号的粉底做基底色，使整个脸部收敛。

（2）用阴影色或修容饼在脸部外轮廓的左右两侧做收缩或转折的修饰晕染处理，特别是下颌角部位，越靠近发际线，阴影色越深越重；越靠近内轮廓线，阴影色越浅、越淡，渐渐与基底色自然衔接，不要显现出边缘线；用阴影色加强颧骨弓下陷的凹陷，使整个面部有收敛、收紧的感觉。

（3）可用高光色适当提亮，强调额骨、鼻骨，使鼻梁挺拔，可加长脸部长度，同时在眉骨下部中央、颧骨至下眼睑等地方提亮，可较好地塑造面部的立体感。整个面部基面妆要处理得自然、可信。

（4）眉形要有力度，适当上挑，转折明显，虚实结合。忌用水平眉、下垂眉形。

（5）眼部的修饰要强调结构的力度，选用适当的结构色加深眼睑沟的构造，眼部的晕染色的面积不宜过大。

（6）鼻梁用提亮色，提高鼻子的高度，可使面部产生立体效果。

（7）面颊腮红应纵向晕染，以得到拉长脸部的效果。

（8）唇形要描画得有棱有角，下唇体积可适当增厚。

（9）下巴应用提亮色提亮，使脸部产生延长感，使整体造型更加甜美、年轻。

矫正圆脸型的发型设计或服装设计请参照《时尚形象设计导论》中发型设计或服装设计的相关章节。

三、菱形脸的矫正化妆

菱形脸外观由于额角偏窄，颧骨突出，下额角偏窄，给人以单薄而不润泽、不丰满的感觉（见图6–3右部）。

菱形脸除可以利用发型设计矫正外，还可以用化妆矫正（见图6–3左部）。化妆重点是在柔润上多下功夫：

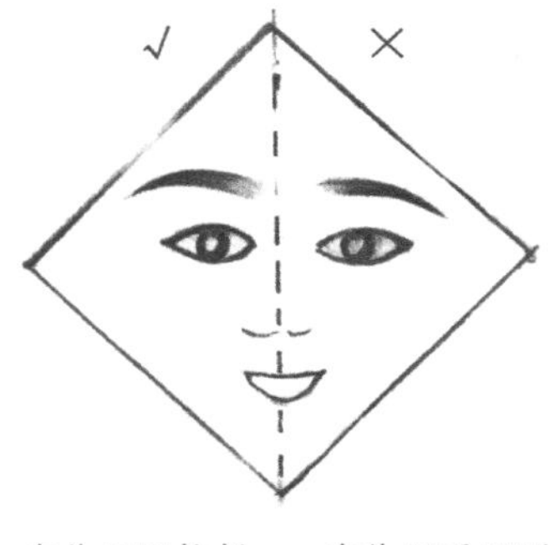

左为眉眼拉长　　右为下垂眉形

图6–3　菱形脸的矫正化妆

（1）整体可用提亮色，局部可用高光色，表现丰润效果，扩大额角及下眼角。

（2）用阴影色从侧发际线向内收缩颧骨，以减弱其过于突出的外观感觉。

（3）眉眼修饰可适当拉长，用眉形和眼影来表现柔和的效果。

（4）腮红可作环状晕染，淡淡地扫过颧骨的高点，可避免颧骨过于突出的弱点，靠近侧发际线处是重点，以弧状向下晕染，渐淡渐消。

矫正菱形脸的发型设计或服装设计请参照《时尚形象设计导论》中发型设计或服装设计的相关章节。

四、正三角形脸的矫正化妆

正三角形脸上窄下宽，前额窄小，两腮肥大，角度转折明显，脸部有下坠感。正三角形脸给人稳重踏实、富态宽容的印象，但有时也会有迟钝、不灵活的感觉（见图6–4右部）。

矫正方法：眉间距可略宽，眉形稍平而眉弓略带一些弧度，但不可下垂，可拓宽脸的上半部分；眉峰稍向后移，眉梢略拉长（见图6–4左部）；有角度的眉会突出三角形脸的棱角感，不可使用。

矫正正三角脸形的发型设计或服装设计请参照《时尚形象设计导论》中发型设计或服

装设计的相关章节。

五、脸型偏大或偏小的矫正化妆

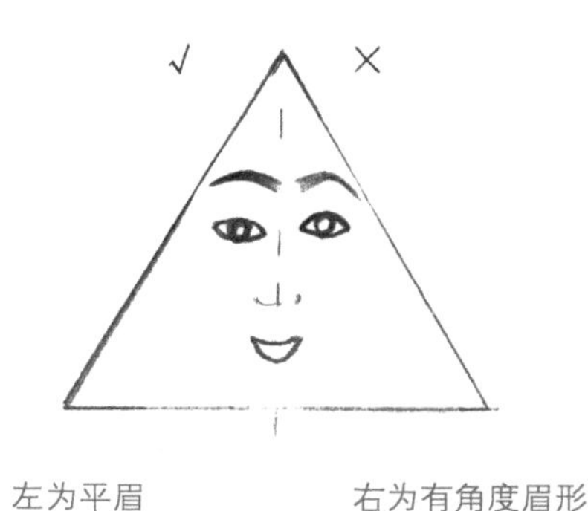

左为平眉　　右为有角度眉形

图6-4 正三角形脸的矫正化妆

脸大的人如何协调面型和五官的比例呢？其化妆原则是收缩脸部，夸张或“放大”五官，可选择偏深一些的基底色，使面部产生收缩、肌肉结实的效果；如果是大而平坦的脸型，可用不同色度的底色来表现应该突出的部位和应该收缩后退的凹凸转折部位。而对眼睛、眉毛、嘴唇等五官部位的化妆，则应尽量夸张，或适度膨胀，以使它们和偏大的脸型更加匹配，使容貌的整体修饰更协调、和谐。

脸型若偏小，化妆时的基础底色最好用略浅于肤色的粉底，如象牙色或浅米色等，使面部略有膨胀之感，而对眼睛、眉毛、鼻及唇等部位的化妆则应尽量表现简洁、清秀、柔美的风格。脸型偏小的面部化妆，尤其是五官的化妆不要过度，免得使原来偏小的脸庞表现得过分复杂。

六、下颌的矫正化妆

下颌是指唇以下的部分，包括下颌骨和下颏。下颌的矫正主要是对下颌骨与下颏部位的矫正。

下颌骨位于面部下方两侧，最凸起的部位称为颌结节。下颌骨及颌结节的大小对脸型的影响很大。下颏是位于唇下面的骨部分，凸起的小面称为颏结节，颏结节的大小及平圆对脸型也有一定的影响。

理想的下颌是下颌骨圆润，下颏与额呈水平状态，与唇之间形成颏沟。这样的女性显得圆润，弧度转折缓慢，窄于颧骨；男性显得方而有角度，与颧骨基本上呈垂直状态。

1. 方下颌

外观特征：下颌骨角度转折明显，颌结节大而突出。较平的下颌使脸的下半部成为方形，缺少女性的柔和感与线条感。

矫正方法：在下颌骨的颌结节处涂阴影色，下颏上涂亮色和少许腮红，使下颏圆润、饱满而突出，下颌骨收敛。

2. 下颌过尖

外观特征：下颌过长，下颌骨窄小，颌结节不明显，脸的下半部显长，有狐狸脸倾向。

矫正方法：将阴影色或深色粉底涂于下颏部位，两腮部涂亮色至耳根，并在腮部的亮色边缘用修容饼修容，使下颏的长度得到收敛，两腮显得圆润饱满。

3. 下颌短

外观特征：下颏与下颌骨呈平等状，使脸显宽、显短。

矫正方法：将亮色涂于下颏部位，两腮部略用阴影色收敛，同时面部的其他部位也适当收敛。

4. 颏沟过深

外观特征：下颏向前探出，使人显得不够沉稳。

矫正方法：颏结节部位涂阴影色或用深色粉底收敛，颏沟部位涂略浅的粉底，使颏沟显得浅一些。

5. 平下颏

外观特征：下颏后倾，与唇之间没有颏沟，面部显得平淡，缺少层次感。

矫正方法：将亮色涂于下颏的颏结节部位，使下颏突出。下颏与唇之间涂略深的阴影色晕染，使下颏与唇之间凹凸结构明显。

七、脸型矫正化妆的注意事项

强调容貌美，其表现原则应该是真实、自然、和谐的，不仅每个器官本身或器官之间应和谐协调，脸型与所有器官也要和谐搭配。由此可见，化妆不仅是独立存在的一项技能，科学的形象造型设计一定要有整体意识，绝不能只局限于五官的某个部位或某些局部的相互关系，一定要有整体协调的概念。

脸型矫正化妆应注意：

（1）面部基底妆面修饰的阴影色和提亮色过渡要自然柔和，保持妆面干净。

（2）局部修饰与矫正应当体现或加强整体效果，注意与整体设计的和谐，尽可能避免局部与局部、局部与整体之间出现不和谐的状况。

第四节　眼型、眼袋的矫正化妆

一、眼型的矫正化妆

眼睛是面部的核心，是化妆修饰的重点部位，正所谓“画龙点睛”。对人体的审美而言，眼睛除了体现一个人的形体美以外，还是人心灵的窗口。在生活中，眼睛是人们交流的重要器官，不同的眼形可能会影响整个面部的和谐，所以对眼睛的修饰，尤其是对下垂眼形、上斜眼形、肥厚眼睑、深陷眼窝等不够美的眼形的修饰，也是矫正的重要任务。

1. 下垂眼形的矫正化妆

下垂眼形者内眼角高，外眼角低，可从眉毛、眼线、眼影三方面进行矫正。眉毛不要处理得过于弯曲，可以做些平行或略微上扬的处理。

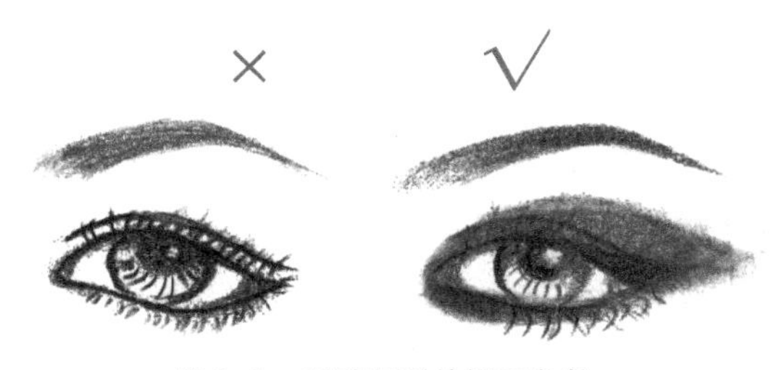

图6-5　下垂眼形的矫正化妆

在外眼角落笔描画眼线时，应根据下垂的程度适当提高下笔的位置，且不宜一直描到内眼角，可以画到眼睛中部就逐渐消失在睫毛内。眼影晕染的方向是从外眼角有意识地向斜上方发展，给人一种提高外眼角的视错觉，下眼影不要强调外眼角的下方，而应在内眼角下方稍加一些浅棕色，给人内眼角下沉的模糊感，最后达到矫正的目的（见图6–5）。

2. 上斜眼形的矫正化妆

此眼形是内眼角低，外眼角高，呈上斜之势，其矫正化妆也需从眉、眼线、眼影三方面进行：

眉毛可修成略微弯曲的眉形，应稍粗一些。

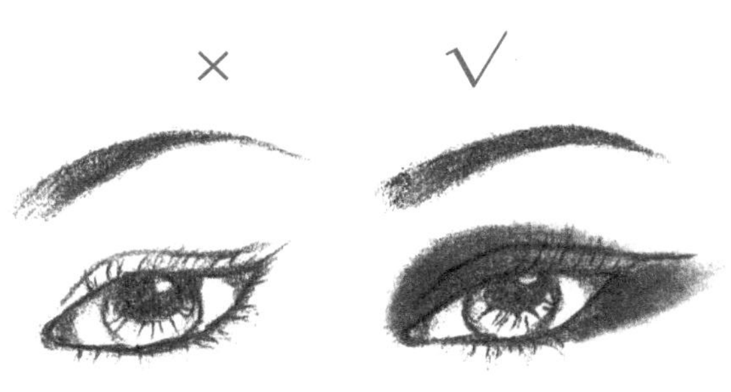

图6–6　上斜眼形的矫正化妆

画眼线时，外眼角落笔要低，可以从外眼角的下眼线的末端开始向内眼角方向描画；内眼角的上眼线可适当加粗，下面深而黑，逐渐过渡到淡棕色。下眼线在外眼角外可大胆描画，适当加大阴影的范围，上面深而黑，逐渐过渡到淡棕色。最后再配合眼影的水平晕染法，把上斜的眼形矫正过来（见图6–6）。

3. 肥厚眼睑的矫正化妆

眼睑肿胀的女性，眼圈不玲珑，表情较呆滞，显得缺乏活力，矫正的要点是眉和眼睑沟。

眉形应修整成直线型平眉，眉峰要尽可能低，或者使眉形的棱角明显，眉毛上缘可以用一点点亮色，突出额骨。

图6–7　肥厚眼睑的矫正化妆

对于眼影的修饰，可用加强内眼角的阴影色修饰手法，使人感觉到眼眶的凹进，效果很明显；或者在眼睑沟部位用偏深的结构色晕染方法表现（猫眼画法），但应注意晕染色的面积不能过大。眉骨部位可用高光色表现，突出提亮区，在上眼睑眉骨处和结构区形成强烈反差，达到收缩眼睑的目的（见图6–7右图）。

用眼线矫正，也有很好的效果。上眼睑处向眼尾方向逐渐加宽并延长（见图6–7中图），下眼睑眼线从内眼角起轻轻画入，呈水平方向，向眼尾渐宽并逐渐晕开即可。

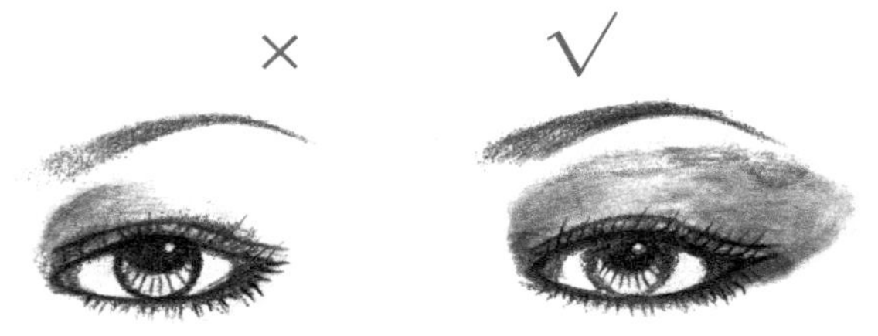

图6–8　眼窝深陷的矫正化妆

4. 眼窝深陷的矫正化妆

眼睛内角太深，会让人感觉眼睛稍小，骨骼结构过于明显，棱角过于分明（见图6–8左图）。

要让眼部比较柔和，可以在陷得最深的位置用淡黄色、淡米色或淡粉色的眼影，在过于突出的眉骨部位用深色眼影，靠外眼角处再选用温柔的水蜜桃色或浅粉色、浅橙色做晕染（见图6–8右图）；眉毛色调不要太深；不要用眼线液或眼线笔去描眼线。

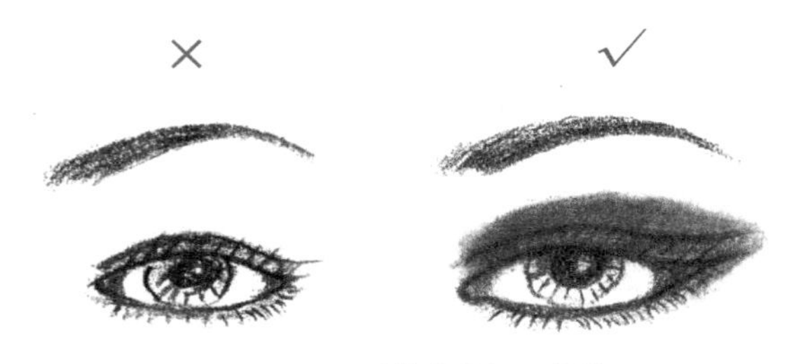

图6–9　眼形较小的矫正化妆

5. 眼形较小的矫正化妆

眼睛较小者（见图6–9左图），不能用眼线液画眼线，应该在上眼皮的中外侧部分画一道细眼线，让尾端稍微上扬。注意要用柔软的眼线笔来画，然后用棉签擦模糊些，对于下眼皮，则尽量在靠近睫毛处涂些白色亮光剂，即可改善眼睛的外观（见图6−9右图）。

6. 细长眼的矫正化妆

细长眼指眼裂窄小、过于细长的眼睛，多数东方人都为细长眼。细长眼给人以眼睛无神、缺乏神采的印象（见图6−10左图）。

矫正方法：将眼影集中在上眼睑的眼球中部，做相对高而集中的晕染，最好用结构晕染法，将内外眼角淡化，并且在眉骨处用高光色提亮，增加眼部的立体感（见图6−10右图）。

图6−10　细长眼的矫正化妆

7. 单眼睑的矫正化妆

单眼睑一般有两种，一种是上眼睑稍肿胀或内双（内双的上眼睑大部分肥厚），另一种是没有双眼皮，上眼睑脂肪少，有明显的眼窝。需要说明的是，有些人的单眼睑会显得可爱、纯真，特别是一些单眼睑、凤眼的年轻人，这样的眼睑最好不要矫正，以免破坏整体美感。

大部分单眼睑给人眼睛无神、较单调的感觉（见图6−11左图）。矫正方法：用假双眼皮画法，即根据眼部情况，先在离睫毛根部4～5mm处(两色过渡区)用深咖啡色眼线笔画出一条弧线，用深褐色在上眼睑中部向上晕染，呈自然弧形，产生假双眼皮的效果；然后在睫毛根部与假双眼皮之间的区域用高光色提亮至2/3处，渐渐转成浅褐色，至眼尾处加深成深褐色，着重强调外眼角效果。下眼睑用同色系眼影，由眼尾开始向内眼角晕染，至眼头1/3的睫毛根处开始淡化，产生上下呼应的效果。

画假双眼皮时应注意：从离开内眼角2～3mm处的上眼睑处开始向上向外眼角描画，起笔要细，渐渐加粗。画出的弧线应与睁开眼睛的睫毛根部保持水平一致，且线条应自然流畅，尾部水平甩出，睁开眼有略上扬的感觉，可以增加眼睛神采（见图6−11右图）。

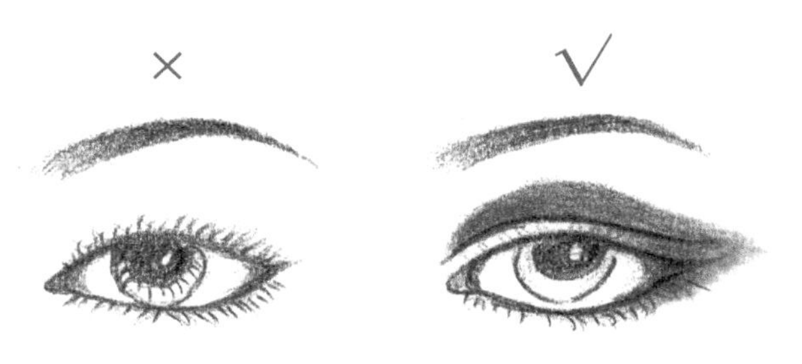

图6−11　单眼睑的矫正化妆

由于人种不同，东方人与西方人的双眼睑也有不同。西方人骨骼转折结构明显，眼窝凹陷明显，眼部立体感比较强，其双眼睑的内眼角处呈开口状，双眼睑的幅度也比较大；而东方人的骨骼转折结构不太明显，眼部立体感不是很明显，其双眼睑的内眼角开口一般与内眼角相连，若仿照西方人的开口方法，就会显得不太真实，有虚假的感觉。因此，我们在矫正时也应特别注意。

8. **圆眼睛的矫正化妆**

圆眼睛指眼睛过圆，宽度较小的眼睛。这种眼形显得稚气（见图6–12左图）。杏眼不在矫正范畴。

图6–12　圆眼睛的矫正化妆

矫正方法：整个眼部应当做横向晕染，即内眼角应向鼻根处晕染，外眼角向外上方晕染，上眼睑中部不宜晕染过度；睫毛线由上眼睑中部开始向外眼角平画并逐渐加粗，尾部可略向外加长上扬，营造两边拉长的感觉，即可改变眼睛过圆的缺陷（见图6–12右图）。

二、眼袋的矫正化妆

眼袋是指下眼睑的皮肤中眶隔膜松弛下垂，眶脂肪随之脱出于眼眶下缘的上方，形成袋状的膨大。眼袋给人肥厚浮肿、疲倦无神的感觉，也是衰老的象征（见图6–13左图）。

眼袋的矫正方法：主要可以通过贴上薄化妆纱配合粉底，或单纯用粉底遮盖这两种方法来完成。

1. **贴纱法**

先将化妆纱涂上酒精胶，粘在松弛的下眼睑眼袋上，再涂上粉底遮盖，并仔细晕染眼影。但是这种方法比较麻烦，且容易穿帮。

2. **粉底遮盖法**

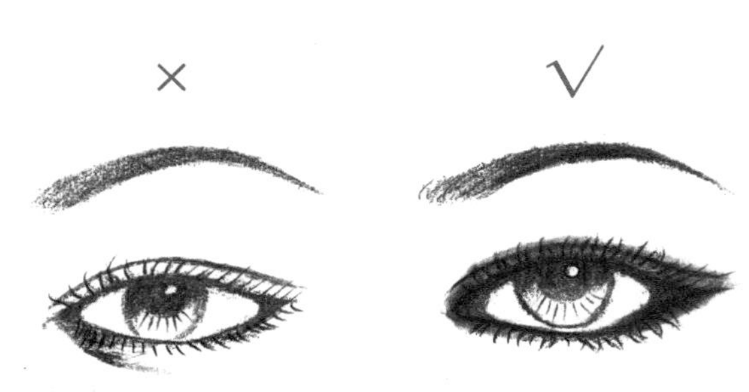

图6–13　眼袋浮肿的矫正化妆

先以稍深于肤色的粉底或橙色粉底涂于眼袋浮突处，再将浅肤色粉底覆盖其上，并涂于眼袋浮出的下边缘处，过渡要自然，可收缩浮肿现象。这种方法的优点是简单快捷，缺点是只能遮盖不是很严重的眼袋。

无论采用哪种方法，均不宜过分强调眼影色，应把化妆重点放在上、下睫毛线的描画上（见图6–13右图），将审视者的视觉重点转移到睫毛或嘴唇上，可很好地减弱眼袋造成的衰老无神的印象。

第五节　皱纹的矫正化妆

由于年龄的增长、光的刺激以及身体健康状况下降等因素，肌纤维断裂，人的皮肤会慢慢松弛，出现局部或大面积的皱褶和下垂，容貌衰老，难以得到应有的化妆效果。因此，首先需要解决皮肤的下垂和大面积皱纹问题。

我们知道，人的一生可分为生长期、成熟期和衰老期三个生理周期，皮肤也要遵循这个自然规律，随着时间的推移，皮肤也是要衰老的。就机体而言，肌肤会在20岁左右完全成熟，处于生理发育的鼎盛时期。正常皮肤一般从23岁起便开始出现老化，因年龄的增长而衰老称为生理性衰老，生理性衰老受遗传等因素的影响和控制。另外，营养条件，外界环境，尤其是紫外线的照射（光的刺激导致皮肤细胞内自由基增多），身心过劳导致健康状况下降，辛辣食物刺激，吸烟和化妆品的使用不当或劣质化妆品的刺激等因素，都可以引起肌纤维的断裂、胶原纤维和弹力纤维变性，使皮肤失去健康，出现松弛，局部或大面积地皱褶下垂，从而加速衰老，这被称为病理性衰老。随着科学技术的进步和人类对生命起源的逐步认识，我们相信人类是完全可以延缓这一衰老过程的。

衰老性皮肤原则上不主张化妆。特定要求下的化妆可采取以下措施：

（1）牵引法　首先将发际线边缘的头发编成小辫，向后或斜上方拉紧牵引，并将小辫在顶部或后侧进行固定处理，使松弛的皮肤绷紧。

（2）遮盖法　将化妆纱贴于皱纹较多的部位或松弛下垂的部位，例如眼角和眼袋部位，然后再化妆。这种方法常用于戏剧影视化妆、摄影化妆，或应用于与其他人距离较远时的化妆造型。

注意事项：对于需要矫形的问题应做全面的分析，运用各种相应的矫正方法进行综合处理。在对皱纹性皮肤进行矫形化妆时要仔细，手法应细腻，既要追求大轮廓效果，又要尽量照顾到细节。

第六节　眉毛的矫正化妆

眉毛是天生的，有的粗，有的细，有的浓，有的短，有的会因拔得过度再也长不出来了。有人把眉毛称为眼睛这幅美丽图画的“画框”，眉毛的形态也能表现人的个性特征，同时眉形又要与脸型、眼形、个性、气质等个体因素搭配，让总体形象更自然、和谐。眉毛一般都要进行修整，但修整一定要根据眉形和个体的具体情况进行，有时过度的修饰反而会破坏原本美好的形象。

1. 眉毛过粗过短或缺少眉毛

（1）特征　眉型粗而短，不生动，男性化（见图6–14左图）。

（2）矫正　根据标准眉形强调眉弓的曲线，要从眉头开始，均匀地描画至理想的眉尾，眉毛要按眉的长势方向一根根描画，然后用眉笔把缺少的部分补画出来。眉头稍粗，眉梢部稍尖细，画时轻轻一挑就可以了，这是写实描眉法，可使眉毛清秀、细腻而逼真（见图6–14右图）。

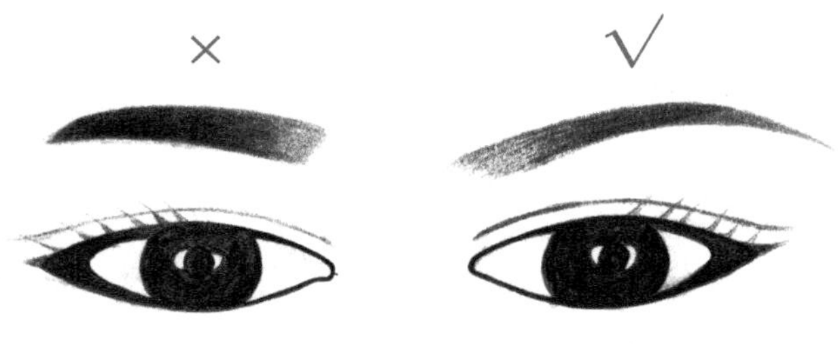

图6–14　眉毛过粗短或缺少眉毛的矫正

2. 眉毛过长或眉毛杂乱者

（1）特征　一根根眉毛粗而长，或眉毛散乱，杂乱无章（见图6–15左图）。

（2）矫正　先拔掉杂乱的眉毛，按照标准整理出眉形。如果眉形理想，则可以保持；如果太下垂或太上扬，则应视需要或剪或拔，修剪成型（如图6–15右图）。

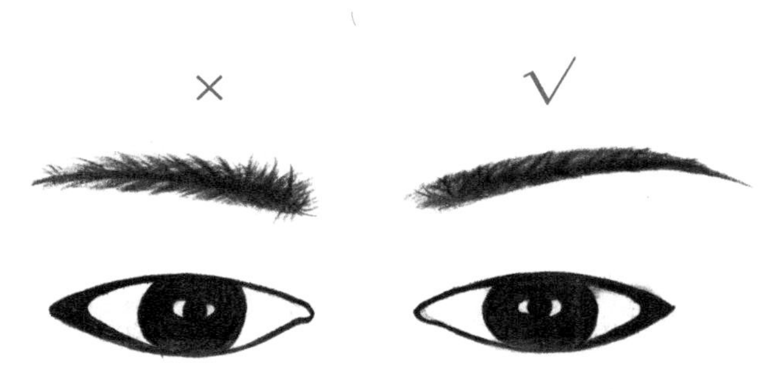

图6–15　过长或眉尾杂乱眉毛的矫正

3. 眉毛浓密却不愿意修剪者

（1）特征　眉毛长势浓密，乌黑成团。

（2）矫正　先将眉形设计出来，将多余部分拔除，然后将发胶水喷在手指上，轻轻地涂在眉毛上，再用眉刷刷整齐，如同整理乱发一样即可。

4. 眉毛粗宽者

（1）特征　眉毛很粗，长势散乱且宽。

（2）矫正　按照标准眉形，拔掉眉弓下面的粗毛，露出眉形，或用剪刀剪去太长的眉毛，用眉钳拔去不顺和散乱的眉毛。

5.稀疏或残缺的眉毛

（1）特征　由于疤痕或眉毛本身长势不完整，稀疏残缺（见图6−16左图）。

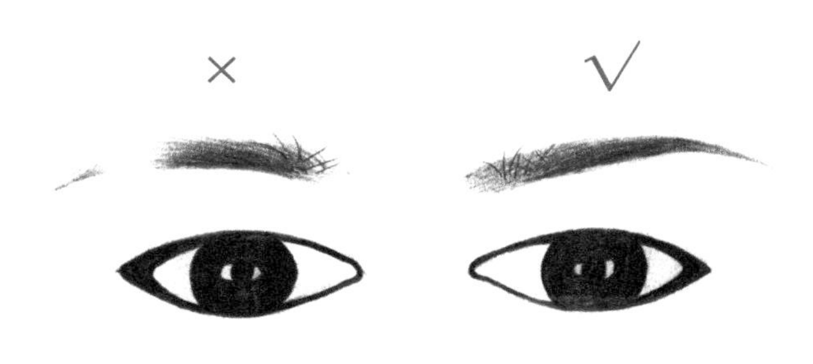

图6−16　稀疏或残缺眉毛的矫正

（2）矫正　眉毛稀疏残缺的人，最好先按照标准眉形修剪，再在残缺脱落的地方选择灰色或驼灰色眉笔轻轻描画填补。可先画出一条完整眉毛的形状，用眉笔将空缺的部分描画出来，再画出一根根疏密有序的线条，眉腰部分的线条要深，眉边缘较淡，再用眉刷沿眉毛将眉粉刷在整条眉上，或用蘸了水的眉笔蘸上眉粉，一根根地描画出整条眉毛（见图6−16右图）。

6. 眉毛颜色淡者

（1）特征　眉毛纤细，色泽浅淡，既有不足，也有优势。一般人总会觉得过淡的眉形影响个性的表现，但如同一张白纸可以画出最有特征的图画一样，此类眉毛的矫正也比较方便快捷。

（2）矫正　此类眉毛用眉笔描画反而不自然，最好用眉刷将眉粉或眼影粉刷在眉毛上，将眉色染深即可。这种眉形者可以任意选择自己的眉形，在不同的场合根据自己的脸型甚至个性特点，描画出有力度的眉形，以表现潇洒、干练的气质；或者画一对优美的曲线眉，以表现女性温柔的魅力；略浓而朦胧平直的眉形又可以表现出天真纯洁的风格。

7. 眉毛下垂（俗称八字眉）

（1）特征　眉尾低于眉头的水平线，眉稍下挂。下垂眉使人显得亲切，但过于下垂会令人看上去没有精神，无精打采（见图6−17左图）。

（2）矫正　去除眉头上面和眉尾下面的眉毛，在眉头下面和眉尾上部适当补画几笔，使眉头和眉尾处在同一水平线上；也可以用眉粉刷出形状，再用睫毛膏或附有硬刷的眉膏，将眉毛刷成微上扬的趋向，使下垂的眉毛向上立起来。

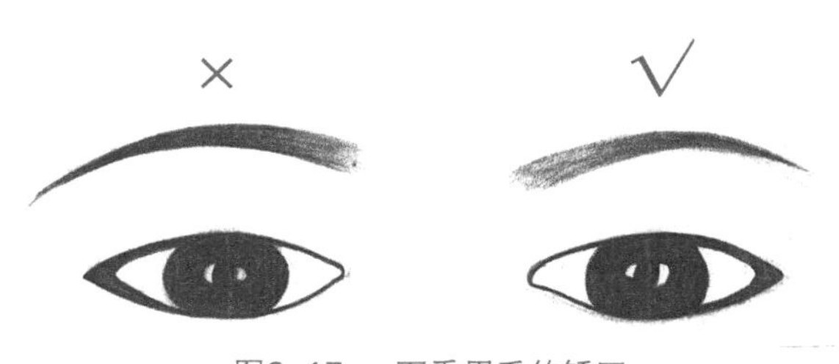

图6−17　下垂眉毛的矫正

眉毛下垂者应经常用眉刷将眉毛向两边发际横向梳刷，时间长了，眉毛自然会柔顺上扬起来（见图6–17右图）。

8.向心眉

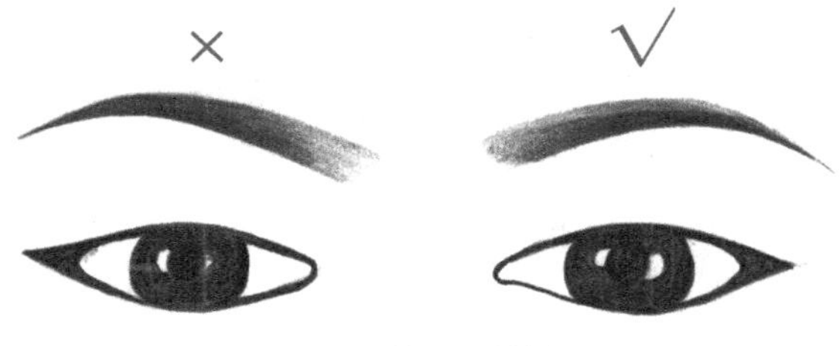

图6–18　向心眉的矫正

（1）特征　两眉头距离太近，间距小于一只眼的距离。向心眉使人有一种眉头紧锁、心事重重、五官太紧凑的感觉（见图6–18左图）。

（2）矫正　先将两眉之间多余的眉毛拔掉，将眉间距拉大，再用眉笔将眉峰的位置向后画，适当调整、加长眉尾，即可改变向心眉的感觉（见图6–18右图）。

9. 离心眉

（1）特征　两眉之间距离过远，大于一只眼的长度，使五官显得分散，给人神情呆滞、刻板的感觉（见图6–19左图）。

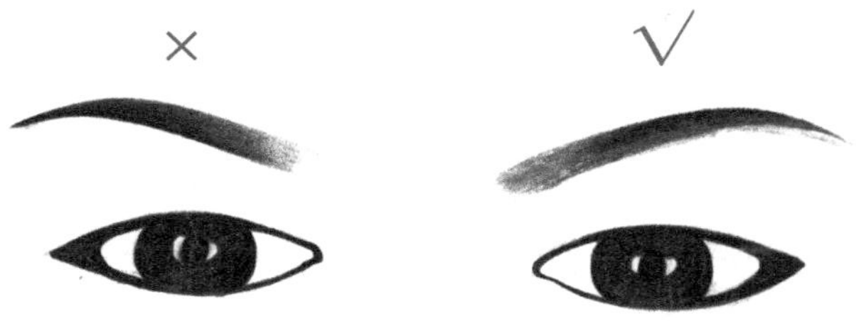

图6–19　离心眉的矫正

（2）矫正　矫正眉距过大，可以在两眉头前画一些眉毛，与原来的眉毛自然衔接，眉峰可以向前挪一些，眉梢画得相对短一些（见图6–19右图）。

10. 吊眉

（1）特征　两眉头稍低，眉毛上扬。吊眉让人显得精神，但过于上挑又会产生凶相，感觉不亲切（见图6–20左图）。

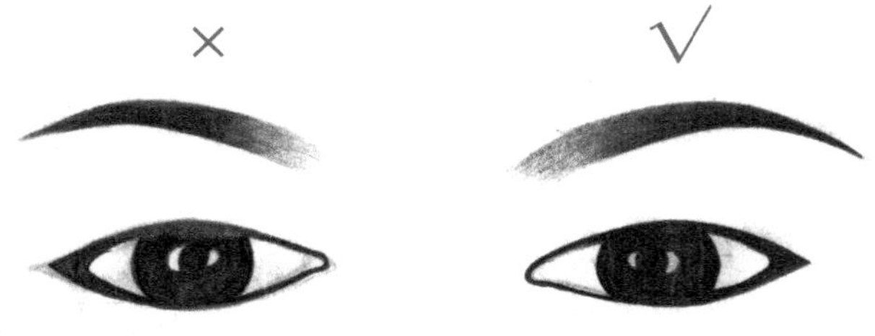

图6–20　吊眉的矫正

（2）矫正　按照标准眉形将眉头下方和眉峰上方的眉毛拔掉，设计眉形时，相对应地在眉头上方和眉峰下方画眉，使眉头和眉尾基本保持在同一水平线上（见图6–20右图）。

11. 眉头的眉毛脱落

（1）特征　眉头的眉毛基本脱落，有一些离心眉的感觉。

（2）矫正　先用眉笔补上眉头颜色，再用睫毛膏向眉心处刷眉毛，使眉头旁的眉毛向两边立起来。

12. 眉形拔得过细或天生太细

（1）特征　眉毛经人工拔除，拔得太细，或天生眉毛稀疏。

（2）矫正　先由眉毛的下侧按照标准眉形调整眉毛的粗细，再用眉笔描画，并用眉刷蘸眉粉刷匀。

13. 上斜眉形的矫正化妆

（1）特征　指眉稍上斜的眉形。过于上斜的眉形会使人产生厉害、刁钻、霸气的印象，经过适当修饰可呈弱上斜的趋势。

（2）矫正　可在原眉形眉头的上方加入少许线条或色彩，再用无色透明的睫毛刷整理定型，就会塑造出略微和缓而优美的眉形。

14.疤痕眉的矫正化妆

（1）特征　因创伤或烫伤使眉毛处局部皮肤受损，不仅影响眉毛的生长，脸部也会因疤痕显得凹凸不平。

（2）矫正　将疤痕上的眉毛剃掉，粘上化妆纱；将疤痕修饰液涂敷于问题皮肤部位之后，再涂敷适合肤色的粉底；用眼影粉刷出基本眉形，将涂上酒精胶的头发顺着眉毛长势一根根粘牢，然后用眉笔按眉毛生长方向描画，也可以将用化妆纱制成的假眉毛直接粘在疤痕部位。

（3）注意事项　粘贴化妆纱和假眉毛时，酒精胶用量要少，只要涂在需要粘的眉毛根部即可。若胶水上得太多，就会造成真假眉毛整片倒伏。

第七节　鼻型的矫正化妆

一、各种鼻型的矫正化妆

一般的鼻型不美（非必须进行手术矫治的），通过化妆技巧就可以加以修饰，常见情况包括以下几种。

1. 矮鼻梁

欧美人鼻梁高，显得很精神，富有生气；东方人有一副高鼻梁不一定好看，但低鼻梁也同样难看。低鼻梁矫正化妆后会给人鼻梁“抬高”的感觉，化妆的方法为：在鼻梁的中间轻轻地涂上一层比底色稍微淡一些的粉白色，用淡棕的阴影色沿鼻穹向下画两道鼻侧影，画时靠近内眼角的颜色要深一些，并且不要有明显的边线；靠近鼻中间的一面应该慢慢滑下去，渐淡到与鼻梁中部的亮色融为一体，看不出界线痕迹。

2. 鼻梁不正

修饰方法是在鼻上部偏过来的一侧，将边缘阴影调弱一些，鼻翼偏过来的一侧界线模糊，阴影色稍淡，让人看不出鼻梁的偏曲；对侧，反之即可。

3. 鼻球大

化妆时可将双眉之间展宽，同时在鼻梁上加阴影色，阴影色选用比面部底色较深一些的就可以了，不能太深，否则鼻球会更加显眼。

4. 鹰钩鼻

此鼻鼻梁隆凸，鼻尖向下内弯成钩状，因此，外形线条较硬，破坏了脸部柔和的线条感，不讨人喜欢。修饰的方法为：在鼻尖上抹一层淡咖啡色，鼻尖底部颜色应画得深一些，朝上慢慢浅淡涂抹，一直淡到与鼻球上部的底色融合。咖啡色不能太深，更不要留下化妆的痕迹。

5. 鼻子过长（鼻子长度超过全脸的1/3）

可用咖啡色鼻影，从眼头处往下抹，在鼻尖处也涂一些咖啡色鼻影，鼻子看起来就会短小一些。

6. 鼻子太小

在整个鼻子涂上浅色粉底，鼻子以外的颊部涂稍深一号的粉底，即可有将鼻子增大的效果。

二、鼻型矫正化妆的注意事项

鼻子位于人体面部的中央，也是面部受光面最大的地方。因此，鼻型矫正必须遵循以下原则：

1. 宁浅勿深

时尚化妆造型与舞台造型是不一样的。舞台造型由于舞台灯光的控制，具有远距离观赏效果，人物刻画一定要立体，应宏观掌握，所以鼻影线一定要清晰干净、界限分明。时尚造型则不然，由于时尚造型具有近距离观赏的特点，造型原则强调自然、清新，以看不出化妆痕迹为宜，因此鼻侧影千万不能深，应若隐若现，并且在鼻根下部就渐渐消失，千万不要拖到鼻翼，以免给人怪异、穿帮的感觉。

2. 整体和谐

在修饰鼻型时，应结合脸型特点考虑。特别是在模特脸部丰满、肥大，或者特别瘦削、尖长时，修饰鼻型时更应当用心，一定要结合面部整体情况考虑。阴影色和提亮色过渡要自然柔和，保持妆面干净。

3. 善于用色

为了使妆型更加完美，建议在打粉底时就将鼻型矫正化妆因素考虑周到，必要时可以用阴影色和高光色加强鼻型塑造后再定妆，这样可以使鼻型或妆型更加自然。

第八节　唇型的矫正化妆

如前文所述，常见唇型有理想型（大小与脸型相宜，下唇略厚，唇型富有立体感）、嘴角上翘唇型（给人微笑之感）等，但也有一些不够理想的唇型，如厚唇型、薄唇型、嘴角下挂唇型、尖点型唇型、瘪上唇等。

一、唇型的矫正化妆

1. 厚唇的矫正化妆

厚唇与遗传和人种有关，也有人是因局部感染而变为厚唇的。

（1）特征　厚唇外观有体积感，显得性感饱满；上下唇都肥厚，唇峰高，看上去会有外翻感觉，过厚重的唇会缺少女性秀美妩媚的感觉。

（2）矫正　用素描方法画唇，可在涂粉底时先用遮瑕膏遮盖一部分原唇型，并在原唇线的内侧，用浅棕色或褐色的唇线笔画出略小于原唇形状的新唇线，不要过度脱离原唇线，以免失真。唇膏色彩应选用略深的颜色与唇线衔接，不要选择光亮的及带有荧光成分的唇膏，最好使用粉质唇膏，颜色不要太鲜艳或太浅，用比较含蓄的色彩修饰，可以得到缩小唇部体积的效果。也可以在唇边缘用略深颜色的唇膏，由边缘向内晕染，边缘颜色深，中间颜色浅，轮廓线要实，线条要清晰。宜选用亚光唇膏，唇膏涂得要薄一些。

2. 薄唇的矫正化妆

薄唇除与遗传和人种有关外，还受红唇发育时间过短的影响。

（1）特征　因上唇与下唇的宽度过于单薄，会显得面部缺乏立体感。

（2）矫正　可用比唇膏色略深的唇线笔，在唇线外画出适宜脸型的唇型，再选择颜色略深的唇膏色上色，并与唇线相接，向嘴唇内侧晕染，嘴唇内侧可选择颜色略浅或略带些光亮的唇膏，以显示丰润的效果。注意唇线笔所画的形态与原有唇线不能截然分开，可在二者之间的空隙处用唇线笔轻轻地晕染，防止出现失真的现象。

3. 鼓突唇（唇面外翻）的矫正化妆

（1）特征　鼓突唇唇部肌肉肥厚，唇中部外翻凸起，就像总是噘着嘴。

（2）矫正　关键是唇膏色彩的选择，过亮、过浅、过于鲜艳的色彩都会使唇部更鼓突，应选用中性色彩的唇膏。应当用素描方法画唇，唇线不要描画得过于清晰，过于清晰的唇线会使唇型更加鼓突，唇线处理得略微模糊，就会产生后退的感觉。唇边缘用颜色略深的唇膏，由边缘向内晕染，边缘颜色深，中间颜色浅，宜选用亚光色唇膏。另外，在面部的整体化妆中，其他部位的色彩可略鲜艳些，尤其是眼睛的修饰更突出些，充分突出眼睛的魅力，可适当转移人对唇的注意程度。

4. 嘴角下挂唇型的矫正化妆

嘴角下垂易使人显得严肃，不够开朗。

（1）特征　嘴角下挂唇型的口角两端向下成弧形，给人愁苦、沮丧、忧郁之感。

（2）矫正　用唇线笔将下唇线略向上方画出，将唇角位置适当提高，上唇的唇峰与唇中线略微降低。下唇色应当深于上唇色，可在上唇中部用珠光提亮色提亮。

5. 唇型不正的矫正化妆

（1）特征　唇型不正时，一侧唇角高，一侧唇角低。

（2）矫正　首先应当遮盖。将遮瑕膏分别涂敷于唇部高的一侧上面和低的一侧下面；然后勾画轮廓，用颜色略深的唇线笔将高唇角一侧的上唇唇角画得向下收紧，将低唇角一侧的下唇唇角画得向内收紧，然后再涂唇膏；两唇角与唇面的唇膏颜色也不应相同，唇角涂略深的唇膏，唇面涂略浅的唇膏，但唇角与唇面的唇膏色彩必须是同一色系，即可矫正。

6. 瘪上唇的矫正化妆

（1）特征　瘪上唇的上牙床位于下牙床的内侧，上唇薄而瘪，下唇厚而突出。

（2）矫正　将上唇的唇线略向外扩张，唇色要浅淡；下唇先用遮瑕膏稍稍遮盖，再将唇线向内收紧，唇色可适当加深，起到收敛下唇、张扬上唇的矫正作用。

7. 尖锐型唇型的矫正化妆

（1）特征　唇峰高，唇轮廓线不圆润，呈薄而直线形。此类唇给人冰冷、严厉、理智或不易接近的感觉。

（2）矫正　用遮瑕膏适当遮盖唇峰，再用唇线笔将上唇画出圆润的新唇线，唇膏颜色宜深不宜浅。

二、唇型矫正化妆的注意事项

飞扬短发、烈焰红唇，已经是近年来的时尚。在修饰唇型时，应注意在打粉底时将要修饰的唇型考虑进去，必要时用粉底或遮瑕膏将原来的唇型遮盖后再定妆，这样更利于塑造新的唇型。

另外，应注意唇型与脸型及整体妆容的和谐，唇线要干净，用色要广泛大胆，色彩要符合时尚整体妆型的需要，注意保持妆面干净。

第九节　五官矫正化妆的注意事项

根据全息论，五官是为整体容貌服务的，而整体又突出了五官的美丽。因此，五官矫正化妆应注意以下几点：

（1）进行五官矫正化妆时，阴影色和提亮色过渡要自然柔和，保持妆面干净。

（2）进行眼部矫正化妆时，在打粉底时可以优先考虑，先用阴影色让整个眼窝凹陷，用高光色将眉骨提亮后再定妆，可以更好地增强眼部的自然感和立体感，便于眼睛的刻画。

（3）局部修饰与矫正应当体现或增强整体效果，注意与整体设

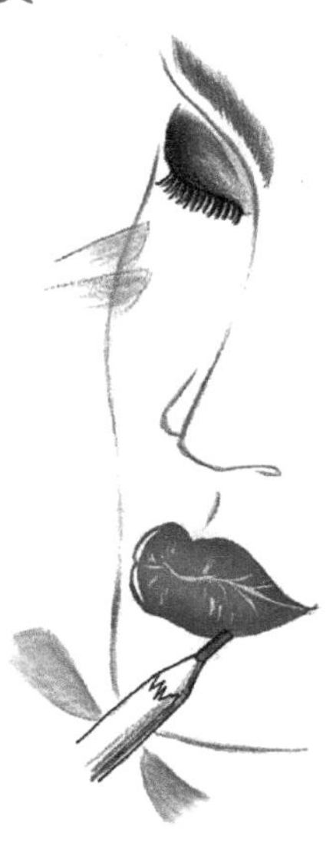

计，尤其是面部妆容和谐，尽可能避免局部与局部、局部与整体之间的不和谐状况。

思考题

1.分析面部骨骼结构。

2.简述基面妆矫正化妆技巧。

3.简述五官矫正化妆技巧，尤其是眉、眼部矫正化妆技巧。

4.简述矫正化妆的注意事项。

参考文献

顾筱君. 21世纪形象设计教程：2版[M]. 北京：机械工业出版社，2011.
顾筱君. 时尚形象设计导论[M]. 北京：中国传媒大学出版社，2017.
顾筱君. 时尚化妆[M]. 北京：机械工业出版社，2012.
基欧.专业化妆师的技艺[M].纪伟国，译. 北京：中国电影出版社，2000.
沈从文. 中国古代服饰研究[M]. 上海：上海书店出版社，2017.
庞玉玲. 现代美容化妆大全[M]. 南宁：广西民族出版社，1995.
黄士龙. 中国服饰史略新版[M]. 上海：上海文化出版社，2007.
霍仲滨. 洗尽铅华[M]. 北京：首都师范大学出版社，2006.
张其亮. 医学美容学[M]. 上海：上海科学技术出版社，1996.

图书在版编目(CIP)数据

时尚化妆教程 / 顾筱君主编. --北京 ：中国传媒大学出版社，2018.6（2025.1 重印）
（时尚形象设计专业“十三五”规划教材 · 21 世纪新编核心课程系列）
ISBN 978-7-5657-2238-7

Ⅰ. ①时… Ⅱ. ①顾… Ⅲ. ①化妆—高等学校—教材 Ⅳ. ①TS974.12

中国版本图书馆 CIP 数据核字(2018)第 055952 号

时尚化妆教程
SHISHANG HUAZHUANG JIAOCHENG

丛书总主编 顾筱君
主　　编 顾筱君
副 主 编 王　铮　李春玲
顾　　问 吕艳芝
策　　划 张　旭
责任编辑 张　旭　吴　磊　王雁来
特约编辑 陈　默　沈梦绮
封面设计 拓美设计
责任印制 李志鹏

出版发行 中国传媒大学出版社
社　　址 北京市朝阳区定福庄东街 1 号　　**邮　　编** 100024
电　　话 86—10—65450528　65450532　　**传　　真** 65779405
网　　址 http://cucp.cuc.edu.cn
经　　销 全国新华书店

印　　刷 北京中科印刷有限公司
开　　本 787mm×1092mm　1/16
印　　张 黑白 6　彩插 9.75
字　　数 335 千字
版　　次 2018 年 6 月第 1 版
印　　次 2025 年 1 月第 2 次印刷

书　　号 ISBN 978-7-5657-2238-7/TS · 2238　　**定　　价** 79.00 元

本社法律顾问：北京嘉润律师事务所　郭建平